服装高等教育“十二五”部委级规划教材（本科）

时装画技法

（第2版）

邹游　著

中国纺织出版社

内容提要

本书从时装画的发展讲起，以循序渐进的方式向学习者介绍了时装绘画的步骤与技巧，以深入浅出的文字阐述了时装画主要难点的攻克方法。第 2 版内容是基于第1版的完善与提升，依然延续了较强理论性与实操性的特点，并重点增加了“着装人体”的介绍和训练，旨在为读者提供更为坚实的基础知识和技巧训练。全书附有大量高水准的图例，以便更加直观、详尽地为读者提供学习参照的模版和方法。

本书既可以作为高等院校服装专业基础教材，也可以作为时装设计师及时装画爱好者的学习范本。

图书在版编目（CIP）数据

时装画技法/邹游著.—2版.—北京：中国纺织出版社，2012.5（2014.8重印）

服装高等教育“十二五”部委级规划教材.本科

ISBN 978-7-5064-8449-7

Ⅰ.①时… Ⅱ.①邹… Ⅲ.①服装-绘画技法-高等学校-教材 Ⅳ.①TS941.28

中国版本图书馆CIP数据核字（2012）第048595号

策划编辑：来佳音 刘 磊 责任校对：楼旭红

责任设计：何 建 责任印制：何 艳

中国纺织出版社出版发行

地址：北京朝阳区百子湾东里A407号楼 邮政编码：100124

销售电话：010-67004422 传真：010-87155801

http：//www. c－textilep. com

E－mail：faxing@c－textilep.com

官方微博 http://weibo.com/2119887771

中国纺织出版社天猫旗舰店

天津市光明印务有限公司印刷 各地新华书店经销

2009年10月第1版 2012年5月第2版

2014年8月第 2 版第5次印刷

开本：635×965 1/8 印张：25

字数：160千字 定价：49.80元

出版者的话

《国家中长期教育改革和发展规划纲要》中提出“全面提高高等教育质量”，“提高人才培养质量”。教高[2007]1号文件“关于实施高等学校本科教学质量与教学改革工程的意见”中，明确了“继续推进国家精品课程建设”，“积极推进网络教育资源开发和共享平台建设，建设面向全国高校的精品课程和立体化教材的数字化资源中心”，对高等教育教材的质量和立体化模式都提出了更高、更具体的要求。

“着力培养信念执著、品德优良、知识丰富、本领过硬的高素质专门人才和拔尖创新人才”，已成为当今本科教育的主题。教材建设作为教学的重要组成部分，如何适应新形势下我国教学改革要求，配合教育部“卓越工程师教育培养计划”的实施，满足应用型人才培养的需要，在人才培养中发挥作用，成为院校和出版人共同努力的目标。中国纺织服装教育协会协同中国纺织出版社，认真组织制订“十二五”部委级教材规划，组织专家对各院校上报的“十二五”规划教材选题进行认真评选，力求使教材出版与教学改革和课程建设发展相适应，充分体现教材的适用性、科学性、系统性和新颖性，使教材内容具有以下三个特点：

（1）围绕一个核心——育人目标。根据教育规律和课程设置特点，从提高学生分析问题、解决问题的能力入手，教材附有课程设置指导，并于章首介绍本章知识点、重点、难点及专业技能，增加相关学科的最新研究理论、研究热点或历史背景，章后附形式多样的思考题等，提高教材的可读性，增加学生学习兴趣和自学能力，提升学生科技素养和人文素养。

（2）突出一个环节——实践环节。教材出版突出应用性学科的特点，注重理论与生产实践的结合，有针对性地设置教材内容，增加实践、实验内容，并通过多媒体等形式，直观反映生产实践的最新成果。

（3）实现一个立体——开发立体化教材体系。充分利用现代教育技术手段，构建数字教育资源平台，开发教学课件、音像制品、素材库、试题库等多种立体化的配套教材，以直观的形式和丰富的表达充分展现教学内容。

教材出版是教育发展中的重要组成部分，为出版高质量的教材，出版社严格甄选作者，组织专家评审，并对出版全过程进行跟踪，及时了解教材编写进度、编写质量，力求做到作者权威、编辑专业、审读严格、精品出版。我们愿与院校一起，共同探讨、完善教材出版，不断推出精品教材，以适应我国高等教育的发展要求。

中国纺织出版社

教材出版中心

第2版前言

Preface

随着现代商业系统的推进，时装设计师所触及的范围越来越像一个包含有各种问题、联合记忆以及价值判断的信息文件夹，设计活动必须在艺术的直觉化与逻辑化的理性之间找到一条具有“中间”性的新的思维路径。在这样的前提下，作为踏入时尚专业领域的“敲门砖”，时装画技法课程自然也应当适时地更新和提升自身所涉及的内容。

《时装画技法》（第2版）是作者在第1版普通高等教育“十一五”国家级规划教材基础上的完善与提升，由于第1版经过了较长时间的读者检验与市场考查，因此本教材依然延续了其较强的理论性和实操性的特点。在编写中，该教材尤其强调时装画与现代设计理念之间的共生关系，同时又非常注重绘画基本功的训练，以循序渐进的方式向读者介绍了时装画的步骤与技巧，以深入浅出的文字阐述了时装画主要难点的攻克方法，其中还附有大量较高水准的图例以便更加直观、详尽地为读者提供学习、参照的模板与方法。较之于第1版内容，本教材重点增加了“着装人体”的介绍与练习，旨在为学习者提供更为坚实的基础知识和技巧训练。

最后，向为本书提供作品的同学们表示衷心的感谢，他们的画作常令我感到一股清新之风，我想，这就是时代的精神吧!

2012年1月8日

第1版前言

Preface

时光荏苒，在不觉当中，与中国纺织出版社合作出版“邹游话时装画”丛书系列竟然已经时隔六年了，其间负责策划的编辑朋友曾经不无感叹地说：“那套丛书出早了。”

出早了？细想之下，朋友的感慨让我喜忧参半。是啊，由于当时对初学者普遍急于掌握具体绘画技巧的心态十分理解，而在此心情之下对于时装画理论阐述的忽略或许也就在情理之中了。可是，随着时装产业的迅速发展和时装教育的深入化，在今天，将时装画的学习内容只是视为单一、纯粹的绘画技能显然已经是一种十分片面的观点，越来越多的人意识到，时装画中的线条和颜色所承载的无不是思维的结果。它的一端反映的是设计师个人对于现代设计理念的把握，而另一端则连接着一系列工业生产的行为。在实际的教学当中，我也欣喜地看到渴望系统化掌握这方面知识的年轻学子在不断地增多，由此，我相信，这本《时装画技法》（普通高等教育“十一五”国家级规划教材之一）的推出应当能够为同学们在探索现代时装艺术的道路上助一臂之力。

本书以循序渐进的章节向学习者介绍了时装绘画的步骤与技巧，以详尽的文字说明和图例展示了时装画中主要难点的攻克方法，例如如何绘画人体、如何表现不同的服装材质、如何才能画出自己的风格（书中未署名的画作皆为本书作者所绘制），等等。同时，书中还收集了许多在校学生的时装画习作，在向他们表示感谢的同时，希望读者也能够从其画作当中汲取力量。因为这些学生的学习实践证明，只要通过刻苦钻研和练习，你也能够画出带有自己风格的精美时装画!

邹游

2009年7月

教学内容与课时安排

章/总课时	课程性质	分课时	节	课程内容
第一章（6课时）	基础理论			• 时装画基础理论
		2课时	1	时装画的基本特性
		2课时	2	时装画的分类
		2课时	3	时装画的发展进程
第二章（12课时）	专业知识及专业技能			• 时装画人体
		2课时	1	正确看待时装画中的人体特征
		4课时	2	绘制人体
		2课时	3	人体细部的刻画
		4课时	4	着装人体的速写练习
第三章（12课时）				• 时装画基本技法
		2课时	1	手绘工具
		6课时	2	不同类型服装的手绘要点
		4课时	3	数码时装画
第四章（8课时）	专业技巧及应用原理			• 创建时装画风格
		2课时	1	时装画创作的灵感来源
		4课时	2	时装画的基础造型语言
		2课时	3	如何表现风格
第五章	赏析			• 时装画赏析

目录

Contents

第一章 时装画基础理论

Chapter One Basic Theory of Fashion Drawing

— 课题名称：时装画基础理论

— 课题内容：时装画的基本特性
时装画的分类
时装画的发展进程

— 课题时间：6课时

— 教学目的：让学生建立起正确的时装画概念，了解时装效果图与时装插画的特征及两者间区别，掌握时装画的历史发展进程。

— 教学方式：图片、多媒体讲授，课堂讨论。

— 教学要求：1. 使学生了解时装画的专业特征。
2. 使学生掌握时装效果图及时装插画的形式构成和适用范围。
3. 使学生了解时装画在每个历史发展阶段的风格特点。

— 课前准备：梳理出一条清晰的现代时装画发展历史脉络，总结这一过程中重要的艺术思潮，收集不同时期时装画家的代表作品作为教学使用。

1. 时装画的基本特性

众所周知，绘画是人类最普遍的艺术活动之一，无论社会形态发生怎样的变迁，人们始终乐于以这种直觉的、整体的方式把握周围的客观对象。自人类社会进入工业化时代以来，伴随着专业技能的细分和不同类型产业的崛起，衍生出许多专业色彩浓厚的绘画。在建筑、汽车、电器产品等人造物的样式、风格、色彩、材料等构成要素被具像化和物质化之前，这些专门反映“新型物质创造活动”的绘画作品，是创造者能够将思想传达给外界最为直接和有效的方法。

时装画就是这样一种顺应产业的需求而诞生的绘画类别。

在西方古典肖像画中，有着大量对人物服饰进行描绘的作品。此图为18世纪宫廷画师弗朗索瓦·布歇/ Francois Boucher为法国路易十五国王的情妇——显赫一时的蓬皮杜夫人/Madame de Pompadour所画的肖像画，此画被认为是画家诸多同样主题作品中最优秀的一幅。这位将洛可可风格发挥到极致的画家细致入微地刻画了人物的服饰面貌，令我们仿佛都能够听到蕾丝花边与塔夫绸相互摩擦所发出的“沙沙”声。然而，尽管这些精美绝妙，甚至是造型奇特的服饰代表了当时最为先进的潮流，我们仍不能称之为“时装画”，因为它们只是画家用来记录不同历史时期的社会生活和风土人情的图示而已。

与历史悠久的传统绘画相比，“时装画”显然是一个新生事物。它的出现和服装设计师的职业化进程密切相关，它表明设计师进行绘画不再是建立在以往“个人的现实感”与“实践经验”为基础的认识论上面，而是成为一种崭新的与工业化生产方式相适应的创作行为。因此，尽管传统绘画中那些精美绝妙、造型奇特的人物和服装在当时代表了最为先进的潮流，我们也不能把它们称为“时装画”——因为那些绘画者的主观意图并非是将服装的结构、色彩、质地和所代表的人文内涵作为诉求的主体，反映的也不是其背后支撑的生产经营模式，而只是画家用来记录不同历史时期的社会生活和风土人情的图示。

也正是基于此，时装画与如今人们所常见的杂志插图、连环画、装饰画等应用类绘画也存在着一定的区别，不可笼统地混为一谈。

作为一种探讨“服装造型和功能之间关系”以及“服装与其穿着者之间关系”的绘画，无论时装画的具体表现形式如何多样化，其间始终贯穿着绘画者对于时代人文、科技的理性思考。它不仅要求绘画者对服装产品的造型进行审美层次上的推敲，而且还要从其功能、构造、材料、工艺、市场定位、所面向的社会环境等诸多方面进行全方位的考察和权衡……也正是因为这些现代设计步骤的引入，使时装画能够从以实践个人精神活动为目的的传统绘画当中剥离出来，并作为一门具有独立精神的艺术形式，在实现自身价值的道路上不停地向前探索。

2. 时装画的分类

在一个画面里，模特应该以怎样的姿态出现？服装的哪些特征需要强调？面料如何在人体上达到悬垂和伸展的效果？选用哪几组色彩搭配？以何种技巧来营造和渲染画面气氛……设计师如果对这些问题逐一地进行思考与解决，那么他（她）绘制时装画的过程也就是一个设计的过程，因为这时候的时装画已经有效地向外界传递了关于服装的技术和审美方面的信息。

实践证明，在不同的设计任务里以及在一个设计任务的不同阶段，时装画的表现形式可以是多样的——有些偏向于传达艺术感觉，而有些则偏向于满足实际生产操作的需要。无论绘画的风格和完成程度如何，根据不同的用途和形式特征，时装画在总体上可以划分为两个大类，即服装效果图和时装插画。

2.1 服装效果图

服装效果图（Fashion Sketch）的创作，是指服装设计师通过概略性的线条和色彩将服装设计的构思落实到纸上，从而形成服装最初的可视形象的过程。作为一种对设计师创作思路的图解说明，“简洁化”是服装效果图的绘制关键。若非为了表现织物的厚度、重量或是强调轮廓造型，面料的肌理、体面之间的明暗关系都是可以被省略的，即使不被省略的话，设计师一般也只需进行局部的表现而大可不必将整个画面填满。

在不同的设计阶段里，服装效果图又可以分为草图和结构说明图。

从画面的直观感受来看，草图的笔触带有很强的动势和节奏，线条的粗细变化灵活，并时常伴随着一些“韵律”线条——尽管也许是一些没有实质意义的笔触，但却能够真实地反映出设计者当时的创作激情与意图，这种忽略细节而只集中体现服装比例、轮廓及风格的草图甚至有一个专门的法语称谓“Croquis”。速写簿、碎纸片、书报的一隅和餐巾纸都可以用来记录转瞬即逝的灵感——哪怕有时候它们只是一个形状不明的轮廓或只是一个看似突兀的图案。在设计构思得到确认之后，草图中的那些抽象图形将要被转化为易于他人理解的服装结构说明图（比例准确的服装前视、后视和侧视图），而纽扣、拉链等一些细部结构的表现也必不可少。

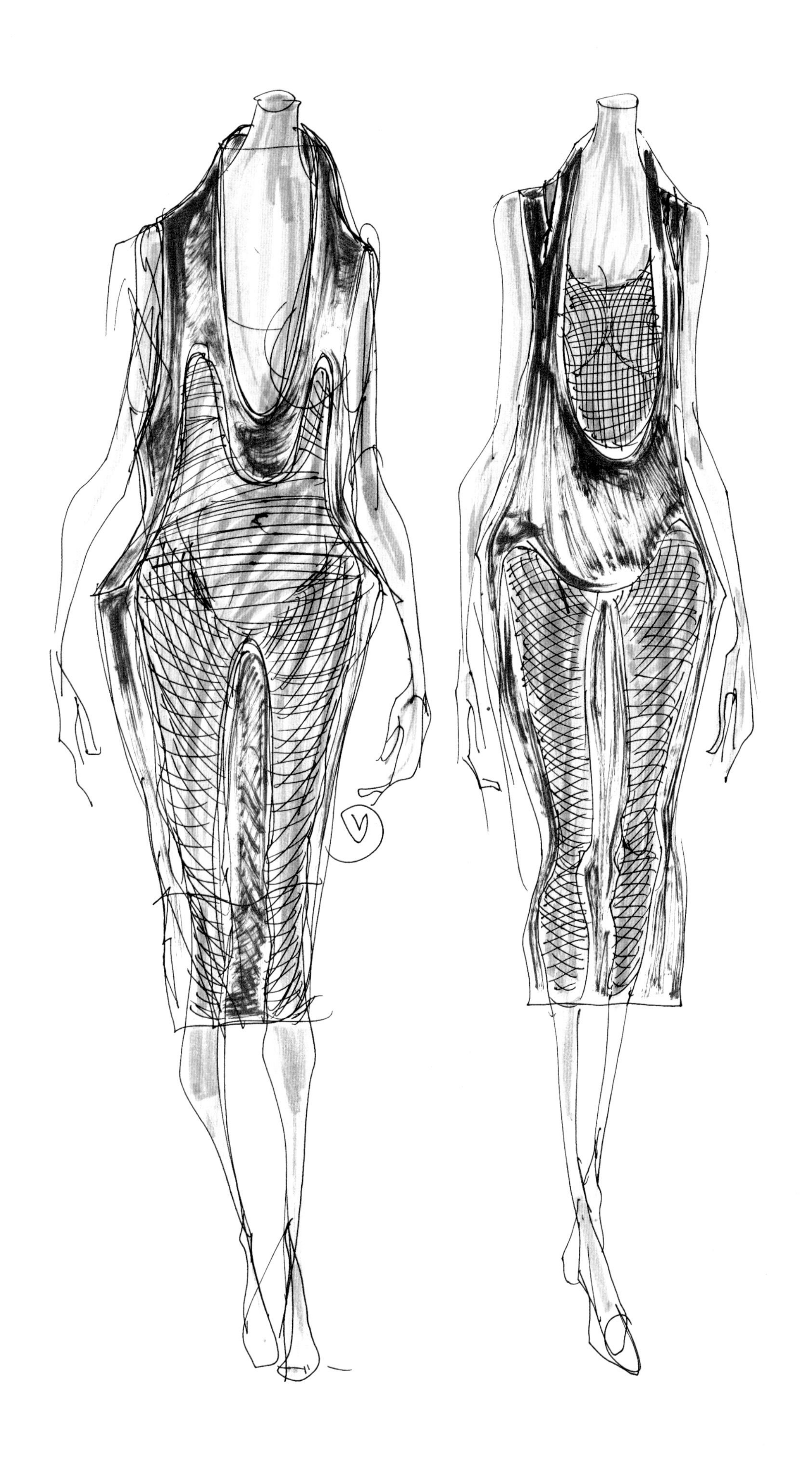

与草图相比，结构说明图的绘画方式趋于规范与严谨。首先，结构说明图的人体一般采用比较写实的8～8.5个头高比例，而不是时装插画通常所采用的9～10个头高，并且所有的领、袖、口袋等零部件尺寸要按照准确的比例绘制，必要时，有的结构说明图还会标注尺寸或是附带工艺技术的详细说明。其次，绘制结构说明图时要尽量避免太过艺术化的笔触（例如“飞白”的技法或是断断续续的线条），而是用连续的均匀线条来明示出服装的外形轮廓线（粗）、款式分割线（中等粗细）和缝迹线（细）之间的关系。最后，线条的穿插关系讲求结构合理、表达清晰，某些弯曲部位的弧线甚至要借助于曲线板来加以规范，而一些繁复的细节还需要用放大的图解展示在主图的旁边。这时的服装效果图已经成为在服装生产流程中开展下一步工作的重要依据，承担着与他人（设计助理、制板师、样衣师、销售人员等）沟通的重要角色。在一些设计工作室里，甚至专门设有“画图员”的岗位来完成这一环节的工作。

另一方面，对于那些与设计师配合默契的制板师和样衣师而言，有时设计师的草图就足以指导他们的工作了，当然，设计师往往会在草图上贴有面料小样并配有文字说明。

2.2 时装插画

如果把时装效果图比拟成为一篇逻辑严密、结构紧凑的“说明文”，那么时装插画（Fashion Illustration）就更像是一篇体例自由、情感丰富的“散文”。它不仅以服装为表现主体，同时还赋予了穿着者的情绪、行为、环境等一系列内容，因此时装插画通常比时装效果图更能够直观地反映出绘画者个人的艺术观念和创作风格。

与那些刊登在杂志、书籍、包装、宣传品、广告等媒介上的插画一样，时装插画自诞生起就带有浓厚的商业倾向，例如，有着“全世界第一个时装设计家”之称的保罗·波烈/Paul Poiret早在1911年就开始将自己的设计作品以时装插画的形式印刷成册进行宣传推广；而像*Vogue*、*Gazette du Bon Ton*、*Elle*等这样的知名时尚杂志更是开启了服装厂商通过时装插画来提升品牌形象的风气……时装插画由此被逐步公认为是时装文化的浓缩视觉形象。时装插画一方面深受时装生产的影响，即绘画者可以描绘生活中已经存在的服装和配饰产品；另一方面，时装插画所表现的也可能是画家意念中的形象，即想象力占据了主要的部分。在很多时候，后者会因具有一定的前瞻性而反过来启发现实中的服装设计活动。

时装插画家不一定是十分精通工艺技巧的专业服装设计师，但他（她）必须懂得时尚文化和一些基本的服装设计原理（例如服装的主要类别、服装的形式美法则、纺织材料的一般性能等），这正是基于前文所明确的那样——时装画是一种以服装产业背景为依托的绘画种类，因此它更多的是艺术地再现当代社会里服装与人的相互关系，任何脱离这一前提的时装插画都会因其主题性的缺失而失去应有的艺术感染力。

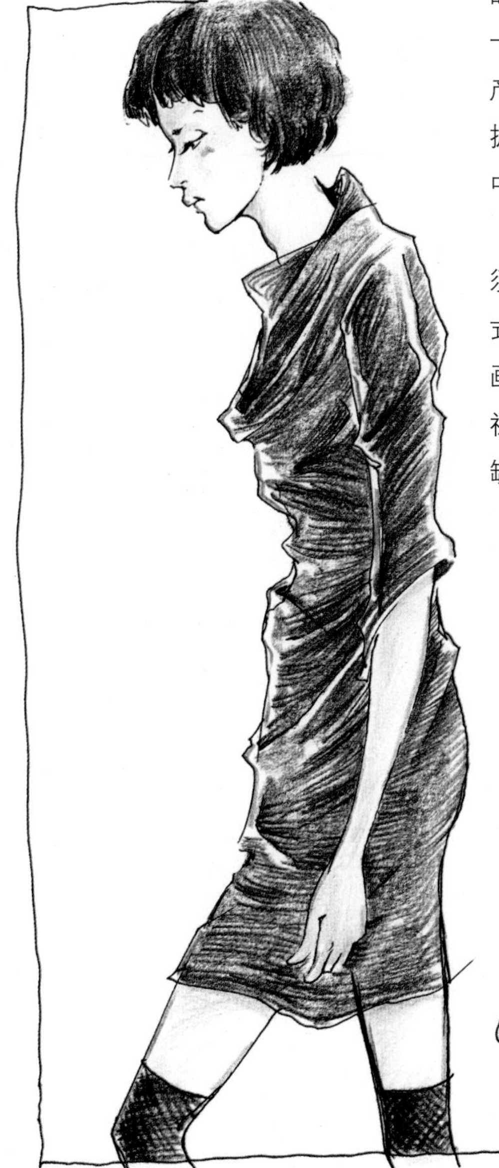

作者：张健

创造力和时代感是构成时装画的两大支柱。时装画家必须运用丰富的想象力来艺术化地表现他所领悟到的时代的风尚，并在时装画中创造性地将服装、穿着者和环境之间的关系呈现出来。

法国时装设计师克里斯汀·拉夸通过寥寥数笔就能够将服装的整体风格乃至装饰细节表现得淋漓尽致，因此他的时装效果图也是极具艺术感染力的时装插画。

由此可见，时装插画与服装效果图虽然都具有实用性和审美性，但二者却又有着各自的功能特点：时装插画以产品目标群体的生活状态为述说对象，力求使服装产品与消费者产生共鸣，通常是商家把自己的产品风格化、艺术化地传达给顾客的一种手段，是对产品进行理想美化的结果；而服装效果图的实用属性则体现在它强大的“阐释”功能性上面——画图者所要解决的就是如何运用技术的手段去完善思维的逻辑性，在落笔之前考虑更多的是诸如“服装结构的可行性”“色彩及面料搭配的合理程度”等这样的问题。服装效果图并不像时装画那样，可以作为一项创作活动的最终结果，而只能说是“创作过程中的一个阶段”。

当然，服装效果图与时装插画之间也并非不能相互转化。许多设计师用寥寥数笔勾勒出服装轮廓、织物质感和模特情绪的技艺十分高超，因此他们的设计效果图通常也是极具个人风格的时装插画精品，例如皮尔·卡丹/Pierre Cardin和克里斯汀·拉夸/Christian Lacroix的服装效果图作品。另一方面，很多时装插画家也会影响当时的时尚潮流，其作品中所表现的服装样式和人物造型往往会被人们在现实生活中进行效仿和复制，例如20世纪60年代的时装画家安东尼奥·洛佩斯/Antonio Lopez就以时装画家（而非时装设计师）的身份成为时尚圈的领袖人物，这充分说明，时装插画在传递时装的流行资讯和指导工艺流程方面也能起到十分具体、有效的推动作用。

3. 时装画的发展进程

就“时装画”的字面构成来看，探讨其历史的发展进程似乎离不开两个方面的内容：一是服装演变的历史；二是绘画的历史。然而，面对两个如此庞大而繁杂的人文信息库，我们如何能够从中为时装画梳理出一条比较清晰的发展脉络呢？

18～19世纪工业革命的不断深化，导致了西欧各国社会形态的巨大转变。资产阶级的诞生带来了新的文化、教育、娱乐和消费方式，报纸、杂志、书籍和海报成为人们最重要的信息来源。在许多从事早期海报、杂志、书籍插图的艺术家，例如奥布里·比亚兹莱/Aubrey Beardsley、朱利斯·谢列特/Jules Cheret、阿尔丰斯·穆哈/Alphonse Mucha等人的作品里，女性形象时常成为表现的主题，她们所穿戴的服装、服饰自然也成为画家向公众传递信息的一个部分。然而，这样的绘画却不能称之为现代意义上的时装画，因为其所表现的最终主题除了厂商所推销的食品、烟酒、日用品等工业产品，就是充斥着城市中产阶级审美趣味的日常生活图景。因此，服装实际上只是画家在刻画人物时的“附属物”，而不是画家以制造或推广服装产品为目的去描绘出来的。由此可见，彼时服装产业化背景的缺失使时装画没有可供自己生根、发芽的温床。

19世纪法国平面设计师朱利斯·谢列特的作品。画家主观上所表现的对象是女性的日常生活场景，而并非服装本身，因此尚且不能称之为“时装画”，而只是“与服装有关的绘画”。

这种情况随着19世纪与20世纪之交现代时装雏形逐渐显露端倪而发生了改变。在雅各·杜塞/Jacques Doucet、查尔斯·弗雷德里克·沃斯/Charles Frederick Worth等时装设计先驱者的推动下，服装的款式和生产已经出现了品牌化和流行周期，尤其是当保罗·波烈——一个具有强烈自我宣传意识的时装设计师，将自己的设计思想首次以画册的形式公之于众的时候，时装画显示出了作为一门独立的艺术形式在社会生产、生活中的力量。由此，人们也逐渐认识到，当一个服装的绘画者进一步为纸上的构想寻找现实的、物质的解决方案并且最终得以实现时，他（她）就不再仅仅是一名画家，而是成为了一名服装设计师；同时，当服装具备了大批量生产技术条件和拥有了广泛的社会各阶层受众之后，时装画也就不再被归类为往昔那些专为少数权贵而作的、以展现画家的自我体验为主的传统绘画了，它已经被转变成为一项与社会民生有着更加切实联系的大众艺术。

19世纪英国插图画家奥布里·比亚兹莱对日本绘画十分感兴趣并深受其影响，有时连笔下的人物造型都呈现出日本式的风格。

20世纪意大利画家、设计师塔亚特的时装画带有很鲜明的立体派风格——层层分解的、宽广而有概括性的平面造型手法把形体的结构进行任意组合，这种视角上的分解甚至弥漫到了画面的全部空间。

二维设计的创作方式和通过印刷广泛发布的流通渠道，让人们从时装画上找到了更多平面设计艺术的属性。早期的时装绘画借助于当时先进的印刷技术(例如彩色石版、凹版印刷等)所呈现出来的崭新形式，确实创造了一种为大众所喜闻乐见的视觉效果；同时，机械印刷的强大复制功能，也促使这种能够及时反映出社会最新风貌的绘画走向人们的日常生活，从而为完善时装画的实际效用奠定了基础。在不同的历史时期，来自于平面设计界的技术成果对于时装画的影响是直接而显著的，照片拼贴、抽象摄影技术、重复印刷、照相制版术、电脑辅助设计都曾经让时装画的构图和用色呈现出前所未有的视觉效果，它们与丙烯、水彩、粉笔、蜡笔、彩色铅笔等传统的绘画工具一起共同壮大、丰富了时装画这门艺术形式。当然，突出平面设计的影响力并不是为了否定绘画艺术和时装画之间的关联，因为平面设计本身的发展就深受绘画美学流派的影响，而作为构成平面设计重要元素之一的插图，其风格自然也顺应这一规律。例如英国插图画家奥布里·比亚兹莱的作品深受日本江户时期浮士绘的影响；而意大利画家、设计师塔亚特/Thayaht的时装画作品则带有明显的立体主义倾向……不同时期的思想动态和艺术流派使得各个阶段的时装画作品都带有强烈的时代烙印，成为展现那个年代社会风貌和人情世故的重要视觉符号。

本书之所以用大量的篇幅来对时装画的发展历程进行回顾与分析，一方面是出于让读者更加详尽地了解这门艺术的目的；另一方面也是基于对“时尚的运动轨迹总是呈螺旋式上升”这一规律的认识。我们知道，越多地了解过去，也就意味着能够更好地把握未来的潮流趋势。

3.1 现代时装发端期的时装画（20世纪初~40年代）

查尔斯·格什玛的作品。

这一阶段,女装的式样经历了革命性的转变：紧身胸衣被逐渐淘汰，“S”曲线造型让位于以“矩形”裁剪为主要特色的宽松女裙。由于服装摆脱了传统样式的束缚，服装设计师从此拥有了个人对于作品的决定权，在摄影等现代创作技术尚未普及之前，绘画仍然是他们进行造型活动和传达信息的最重要的手段。

许多早期涉猎时装画的艺术家都出身于舞美设计，例如查尔斯·格什玛/Chrles Gesmar（1900—1928）、卡桑德拉/A.M.Cassandre（1901—1968）、阿尔丰斯·穆哈(1860—1939)等人，他们在绘制舞台场景和海报的同时还替演员设计了大量的舞台服装。尽管这让他们看上去具有了“舞台设计师”和“服装设计师”的双重身份，但是由于他们所服务的对象是数量很小的一部分人，作品也不形成品牌化和规模化，因此并不具备现代时装产业构架中的设计师身份。但是，他们以绘画表现时装的热诚与努力为“时装画”这门新兴艺术形式的诞生着实奠定了一定的基础。

即使这一阶段内的“时装画”尚属青涩，但是由于注重社交和户外运动的时髦生活方式已经形成，因此插画家们从演艺界和富裕阶层女性身上得到了丰富的灵感来源。他们在各类海报、书籍杂志以及插图中以各自不同的风格描绘她们的仪态、衣着和所处环境，这些印刷品承载着人们对于时代女性的赞美和对时代变迁的感悟而广为流传，无形中成为当时发布时尚资讯的重要途径。

影响这一阶段插画风格的主要艺术思潮有新艺术运动和装饰艺术运动。

卡桑德拉的作品。

乔治·勒帕普的作品。

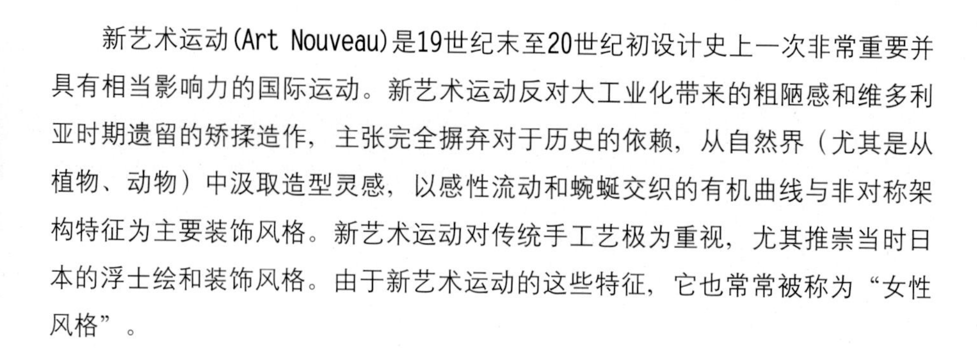

新艺术运动(Art Nouveau)是19世纪末至20世纪初设计史上一次非常重要并具有相当影响力的国际运动。新艺术运动反对大工业化带来的粗陋感和维多利亚时期遗留的矫揉造作，主张完全摒弃对于历史的依赖，从自然界（尤其是从植物、动物）中汲取造型灵感，以感性流动和蜿蜒交织的有机曲线与非对称架构特征为主要装饰风格。新艺术运动对传统手工艺极为重视，尤其推崇当时日本的浮士绘和装饰风格。由于新艺术运动的这些特征，它也常常被称为“女性风格”。

新艺术运动风格的室内装潢、家具和器皿设计。

朱利斯·谢列特（1836—1933）是法国重要的海报设计家，他的作品是法国新艺术运动设计风格的典型代表。谢列特擅长使用彩色石版印刷技术来制造绚丽、丰富的画面效果，其笔下那些姿态活泼、穿着高贵的女性形象更是受到当时法国青年女性的喜爱和模仿，她们甚至被冠以“谢列特女性”的称号。尽管谢列特不是服装设计师，但是在他的画中准确地描绘出了服装与人体的比例关系，同时也逼真地展现了服装及配饰的造型、材质、色彩和层次搭配，其自然的画面具有很高的参考价值，于无形之中成为具有社会影响力的时尚资讯。谢列特确实曾经将海报上的女性放大到真人一般大小，事实上这已经强化了海报作为推广当时某种（或者某类）时装样式的媒介广告功能，由此我们不妨可以把谢列特的关于女性形象的绘画看做是时装画的早期雏形。

奥布里·比亚兹莱(1872—1898)是英国新艺术运动时期最重要的艺术家和插图画家之一。在明朗的黑白色块以及流畅娴熟的装饰线条当中，常常流露出画家对于“性”心理的描写，为此他的插图也屡次引发争议。比亚兹莱对于人物服饰的描绘是具体而写实的，他常常采用实线和点、虚线结合的方法表现服装的空间关系和面料的重量对比。此外，在许多画幅里，画家根据情节对人物的服装进行了创造和改良，在某种意义上，这也显现出“设计”的端倪。

出生在捷克斯洛伐克的阿尔丰斯·穆哈是19世纪末至20世纪初新艺术运动在插画方面的先驱。1894年，他与当时法国的超级女明星沙拉·波恩哈特/Sarah Bernhardt的一次重要会面改变了他的命运。其后的数年间，穆哈除了为沙拉的舞台剧绘制海报以外，还帮她设计舞台、戏服和珠宝等，因此，穆哈的绘画作品中往往涉及了大量服饰造型的内容。穆哈笔下的女性形象都具有高度的新艺术特征，其服装、发饰都忠实地反映出这一艺术潮流——大量华丽的曲线造型、典雅稳重的构图以及绚丽的色彩，共同塑造出甜美而清新的女性形象。

新艺术运动风格的建筑、室内装潢、家具和器皿设计。

装饰艺术运动(Art Deco)是20世纪二、三十年代在法国、美国、英国等欧美国家开展的一次风格非常特殊的设计运动。

随着大工业时代的迅速来临，新艺术运动所倡导的“手工制作”行动已经明显地呈现出力不从心，普遍的机械化生产俨然成为一种不可逆转的趋势。于是，以法国为首的各国设计师纷纷站在新的高度上重新肯定机械生产的必要性，并对采用新材料、新技术表示出积极的态度。1925年，在巴黎举办了装饰艺术展，“装饰艺术运动”因此得名。

装饰艺术运动在建筑、家具、陶瓷、玻璃、纺织、服装、首饰等领域都取得了不菲的成就。虽然各个领域所呈现出来的设计形式五花八门，但它们都具有一定的共性。例如：在造型中多采用几何形状或用折线进行装饰；在色彩中强调运用鲜艳的纯色、对比色和金属色；在材料的选择上注重质感与光泽……总之，装饰艺术运动追求的是一种强烈、华美的视觉印象。

回首看去，虽然装饰艺术运动在思想与形式上与矫饰的新艺术运动相悖，但就其本质来说，它在很大程度上还属于传统的设计运动，即以新的装饰替代旧的装饰，其主要贡献是在造型与色彩上表现出现代内容，显示出时代的特征。

这一阶段，法国上层阶级的奢华生活成为主要的表现题材，夜总会、舞厅、赌场中那些衣着入时的男女成为画面的中心。时装插画的最明显变化是：由曲线构成的装饰意味较之前的新艺术运动时期少了许多，新兴的立体主义和超现实主义极大地影响了时装画的创作，许多作品在形式上迷恋对自然性的抽象化，是反自然主义式的和反平面色块的再现手段。

保罗·伊里巴/Paul Iribe(1883— 1935)是装饰艺术运动时期与乔治·巴比尔和艾德齐名的最杰出的时装插图画家之一。1911年，在得到装饰艺术运动的中心人物——著名服装设计师保罗·波烈的垂青之后，伊里巴作为一名职业时装插图画家的生涯开始了。他的客户包括让·朗万/Jeanne Lanvin、简·帕昆/Jeanne Paquin、可可·夏奈尔/Coco Chanel等著名的20世纪初时装设计先驱。伊里巴从1916年开始就为著名时尚杂志*Vogue*绘制插图，他的作品也多以剧院、电影、时尚和文化生活作为表现的主题。

除了保罗·伊里巴以外，1911年，波烈还邀请了另一位画家乔治·勒帕普/Georges Lepape(1887—1971)来共同参与时装画册的绘制。勒帕普曾经在学院派画家费尔南·科尔蒙/Fernand Cormon所创办的画室里接受过严格的专业绘画训练，而从这间画室里走出去的还有亨利·德·图卢兹-劳德雷克/Henri de Toulouse-Lautrec、梵高/Van Gogh等蜚声国际的大艺术家。勒帕普擅长用明亮、欢快的色彩作画，他在波烈的画册里用线描的方式表现其所设计的高腰裙，并将它们涂成蓝色、绿色、红色、粉色和黄色。这本画册最终被印制了100册。其后，勒帕普成为*Vogue*、*Gazette du Bon Ton*等著名时尚杂志的特邀插画家。

乔治·巴比尔/George Barbier (1882—1932)真正作为一名职业插图画家的生涯开始于1912年。巴比尔为当时法国的顶级时尚刊物*Vogue*和*Gazette du Bon Ton*进行插图设计、绘制以及撰写文章，他的时装插画甚至被视为杂志的核心组成部分。巴比尔非常善于吸收那些具有异国情调的装饰元素，如中国的文字、传统图案和室内陈设都曾经在他的时装画中有所呈现。由于巴比尔所绘的具有浓郁20世纪20年代风格的精美插图在当时被限量发行，因此，他的作品一直都是人们狂热追求的收藏品。

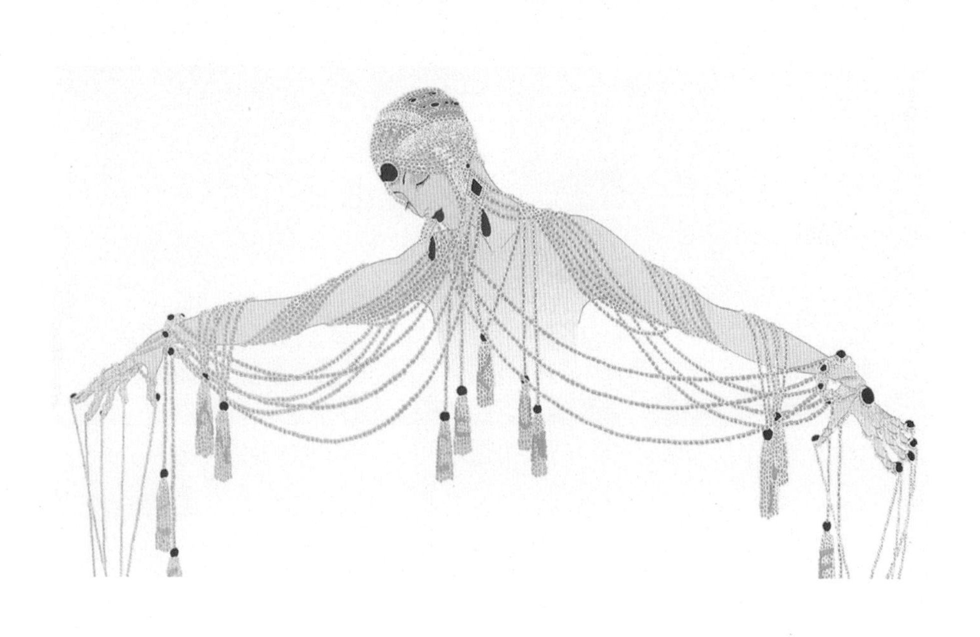

艾德/Etrè（1892—1990）是出生在俄国的画家，他根据法国人对他姓名的发音称自己叫“Ertè”。艾德是20世纪初最著名的时装和舞台设计师之一，他以极大的、不知疲倦的热情和创造力投入到他所从事的事业将近80年。在他去世时，他被尊称为“歌舞剧王子”和“75年时装发展的镜子”。没有人像艾德那样能够长时期地对时代流行做出精准的预测。艾德与*Harper's Bazaar*杂志一直保持长期合作的关系，如今他的封面插画成为具有历史性意义的文档。与同时代其他一些伟大的时装画家不同的是，艾德不仅仅是一个时装插图画家，而且是一个完完全全具有伟大创造力的时装设计师。他所描绘的都是他自己设计的作品，而不像其他人那样主要描绘别人的设计作品。

塔玛拉·德·兰比卡/Tamara de Lempicka (1898—1980) 出生于富裕的波兰律师家庭，她一生都追逐奢靡豪华的生活方式，因此她笔下的人物往往代表当时最为时尚的那一群体。塔玛拉的绘画几乎不折不扣地体现了装饰艺术运动的所有视觉特征，例如几何形状的线条或块状装饰、单纯而艳丽的色彩、富于金属质感的光影处理等，总之，一切都是纯粹和强烈的。

3.2 “新外观”阶段的时装画（20世纪50年代）

“二战”以后，形式感至上的“新外观”精神很快就被建筑设计、室内设计和产品设计等领域所效仿，时装设计师第一次在全社会范围内显示了自己的力量。

20世纪50年代是“典雅的女性化服装”作为时尚主流的最后一个阶段。这一时期中，在时尚界占有绝对统治地位的当数由法国设计师克里斯汀·迪奥/Christian Dior（1905—1957）于1947年所缔造的“新外观（New Look）”风格。

第二次世界大战结束以后，妇女们对简单的男性化服装感到厌倦，十分渴望回复女性化的风貌，强调女性腰部线条的“新外观”女装恰恰最大程度地满足了女性表现自身的愿望。迪奥说：“我为像花朵般美丽的妇女们设计了新颖的服装，它有圆润的肩、丰满而富有女性美的胸脯、苗条的细腰和在臀部以下展宽的女裙。”与此同时，合成纤维、合成材料的大量使用和批量化生产方式的出现，也使得这些昂贵的高级时装能够以更为便宜的成本被仿制出来，并且迅速地流向大众消费者，迪奥由此当仁不让地成为战后女装革新的领袖。

这种古典、唯美风格的回归让许多画家感到兴奋，因此涌现出了一大批优秀的时装画大师，他们活跃在当时以*Vogue*、*Harper's Bazaar*、*McCall's*、*Glamour*等为代表的欧洲及美国的女性时尚杂志上。这一时期，插画家将画面处理得更趋于现实性，模特的姿势大多意在表现中产阶级的附庸风雅和闲适情趣，人物被描绘得更加贴近自然并更具媚态。另一方面，在此时的绘画界，画家们已经高举起现代主义的旗帜，许多时装画家也由此看到了新希望并积极地朝着这个方向做调整，作品中体现了浓郁的印象主义特征——断断续续的轮廓外形，浓淡不一的色块以及飘忽的、轻描淡写式的线条……

然而，从总体上来看，由于传统的审美经验的延续，“新外观”时期的大多数时装画的形式还是略显单一，缺乏多样化的形式，因此在个性的宣扬上显得比较保守。

热内·格鲁奥/Rene Gruau（1910—2004）出生在意大利。20世纪20年代末来到巴黎，开始了他作为时装杂志插画家的生涯。由于格鲁奥的作品整体感强、流畅，并充满了一种浪漫而高贵的气质，因此得到了时装大师迪奥的青睐。格鲁奥经常为迪奥的新款时装设计绘制广告宣传画，也因此创造出了许多引起轰动的佳作，从而引起了更多广告商的注意。1955年以后，一些报纸和时装杂志开始以时装摄影取代过去的手绘插图，格鲁奥于是将注意力转移到与时装有关的产品（例如服装配饰、手套、香水、化妆品、内衣和面料等）广告的创作上面。直到2004年去世以前，格鲁奥仍然在坚持着广告创意的工作，同时，他也重新为*ElIE*、*Madame Figaro*、*Vogue*和*L'Officiel de la Couture*等时装杂志绘制插图。

法国人热内·鲍依特-威劳姆兹/René Bouët-Willaumez(1900—)是*Vogue*杂志的“御用”插图画家之一。他的作品第一次出现在*Vogue*上是在1929年。鉴于有扎实的绘画功底和戏剧舞台设计的经历，威劳姆兹总是能够毫不费力地在画面上调配空间，将他的时装女郎摆放在那些最合适的位置上。威劳姆兹喜欢表现那些最高级和最新颖的时装款式，因此，他笔下的妇女总是透露出一种高贵、典雅的华彩，与他那种带有印象派风格的浮夸的画风相得益彰。

卡尔·奥斯卡·奥古斯特·埃里克森/Carl Oscar August Erickson（又名埃里克/Erick，1891—1958）出生于美国，他的主要客户有时装杂志*Vogue*和化妆品杂志*Coty Cosmetics*。埃里克的视角有写实主义的倾向，但同时创作手法充满表现主义的主观色彩和大量灵动松弛的线条，他能够在瞬间捕捉到模特的动态和表情，并将其栩栩如生地表现在纸上。埃里克与*Vogue*杂志的合作达35年之久，1958年，*Vogue*杂志在其葬礼的悼词中这样评价他的成就——“没有一个巴黎的时装设计师不渴望借助埃里克的画笔来展现他们的设计作品。对于那些年轻的时尚艺术家来说，埃里克无疑是他们生命里的航标，因为他总是能够创造或预测出未来时装的发展动态。”

3.3 现代主义阶段的时装画（20世纪60～80年代）

经过了动荡的20世纪60年代，“大众化”“年轻化”“批量生产”“廉价成衣”等新概念的涌现改变了以往视“高级时装”为时尚风向标的传统惯例，年轻人追求标新立异、与众不同的个性化装扮逐渐成为时装向前发展的新动力。此时，随着新材料、新技术的日新月异，人们更多地依赖摄影图片来端详他们所感兴趣的时装产品，因此，摄影技术已经成为传递时尚资讯的主力，它能够将服装的款式、颜色、细节处理和模特的姿态、妆扮等一系列内容，更加直观地传递给消费者，从而缩短了人们通向时装产品的距离。但是，这也导致了原来大量启用时装插画作为主流内容的出版物改变了传递信息的方式，时装画作为产品广告宣传的媒介作用急剧下降，所占的版面尺寸也远不如以往那样醒目了。

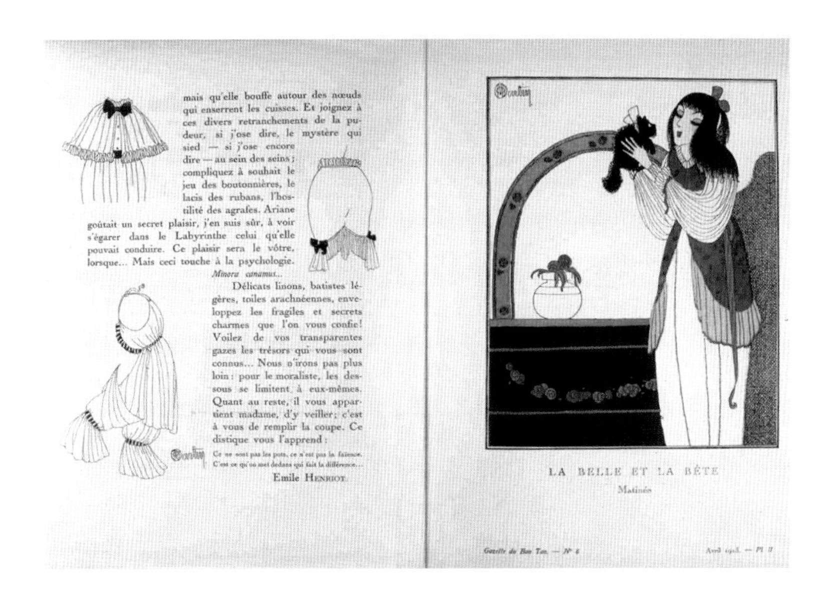

mais qu'elle bouffe autour des nœuds qui enserrent les cuisses. Et joignez à ces divers retranchements de la pudeur, si j'ose dire, le mystère qui sied — si j'ose encore dire — au sein des seins ; compliquez à souhait le jeu des boutonnières, le lacis des rubans, l'hostilité des agrafes. Ariane goûtait un secret plaisir, j'en suis sûr, à voir s'égarer dans le Labyrinthe celui qu'elle pouvait conduire. Ce plaisir sera le vôtre, lorsque... Mais ceci touche à la psychologie.

Minora canamus...

Délicats linons, batistes légères, toiles arachnéennes, enveloppez les fragiles et secrets charmes que l'on vous confie! Voilez de vos transparentes gazes les trésors qui vous sont connus... Nous n'irons pas plus loin : pour le moraliste, les dessous se limitent à eux-mêmes. Quant au reste, il vous appartient madame, d'y veiller ; c'est à vous de remplir la coupe. Ce distique vous l'apprend :

Ce ne sont pas les pots, ce n'est pas la faïence.
C'est ce qu'on met dedans qui fait la différence...

Emile Henriot.

LA BELLE ET LA BÊTE

Matinée

1913年的法国时尚杂志*Gazette du Bon Ton*。早期的时装画对模特的身材比例和服装的结构细节处理都无异于一般的书籍或报刊插图。

Pictorial Review for July, 1925

Portraying Frocks of Lace and Chiffon and the New Long Sleeve

1925年的美国杂志*Pictorial Review*，它是由一家服装公司创刊的，但在20世纪20年代却成为发行量最大的女性时装刊物。无论在模特的身材比例方面，还是在服装款式的表现力方面，这一时期的时装画技巧都得到了专业化的发展，逐渐成为值得消费者信赖的时尚参考资料。

20世纪30年代的美国时尚杂志中，时装画仍然是传达流行资讯的主要载体，但此时的模特形象已经十分写实，材料的质感表现也追求逼真写实，从中可以看出，时装画正努力地向摄影效果靠拢。

20世纪40年代，摄影制版技术得到进一步发展。早期多用在新闻照片上的网格印刷，此时已经能够满足表现细腻、柔和形象的要求，于是，时装开始大量地借助这项新兴的技术。只是这一时期的时装照片带有明显的“过渡”色彩，人物的姿态和影调的处理仍然带有浓厚的画意。

尽管时装画的生存环境受到摄影技术的很大冲击，但是人们追求其艺术水准的脚步却丝毫没有放慢。一方面，追新弃旧的商业促销已经深深地影响了时尚产业，它不仅令时装的面貌变得繁杂而多变，同时也促使时装画的题材和表现形式开始向多元化、个性化发展；另一方面，产品循环周期的加速则让时装画在实际生产当中的重要功能凸显了出来，时装效果图的形式由此被进一步地规范，其更加贴近指导工艺流程所用的工程图示，而几乎所有开设时装设计课程的专业院校也都把绘画能力看做是进入这项行业的最基本的先决条件之一。时装画开始向两极发展，其独立的艺术观赏价值或引导生产的功效逐渐受到人们的重视，时装画从此具有了“专业”的身份，而不只是那些记录富有阶级闲散生活的画面或是其他工业产品广告的陪衬物。

时装画风格的多样性与人们意识形态上的进一步解放和现代大众消费文化的兴起关系密切，作为跨“时尚”与“绘画”两界的艺术种类，它必然受到来自绘画思潮和设计运动的双重影响，这一时期对时装画风格影响最大的就是波普(POP)艺术。这场旨在以大众流行文化为基础的艺术和设计运动打破了战后严肃、规范的艺术模式，那种以廉价、易得的“现成品”作为主要素材的创作方式使其拥有了广泛的社会受众。波普艺术表达的是消费文明和都市文化，因此它的表现形式普遍带有年轻、机智、幽默和性感的特点。

在时装方面，纸、塑胶和人造皮革等都成为新的制作材料，丝网印花和面料拼贴创造了新的工艺手段，而圆点、直线等几何图案成为新的装饰元素。与此相适应，绘画者在表现这些具有现代感的服装时，尽量使用简明扼要的线条和色块来进行表现，并且开始注重用不同的笔法来体现时装材料的多样性。时装画逐渐从一种单纯的、古典的风格当中走出来，更多地贴近于不拘一格的漫画风格；模特也不再是清一色的身材玲珑的金发美女形象，而是多了几分童稚、天真的气息。

从20世纪60年代以来，时装摄影已经取代了时装画而成为具有绝对优势的流行资讯传播载体，而时装画只作为活跃版面的陪衬品。

理查德·汉密尔顿/Richard Hamilton的拼贴画《是什么使今天的家庭变得如此不同、如此有魅力？》(*Just What Is It That Makes Today's Home So Different, So Appealing*)是英国第一幅波普艺术作品。这件浓缩了现代消费文化特征的作品，用极为通俗化的方式表现了现代人以物质为中心的生活。

罗伊·里奇特斯坦/Roy Lichtenstein是美国重要的波普艺术家，他的绘画以边缘光滑的实线和放大的圆点为主要特征，传达出一种“可以被大量复制”的工业信息。

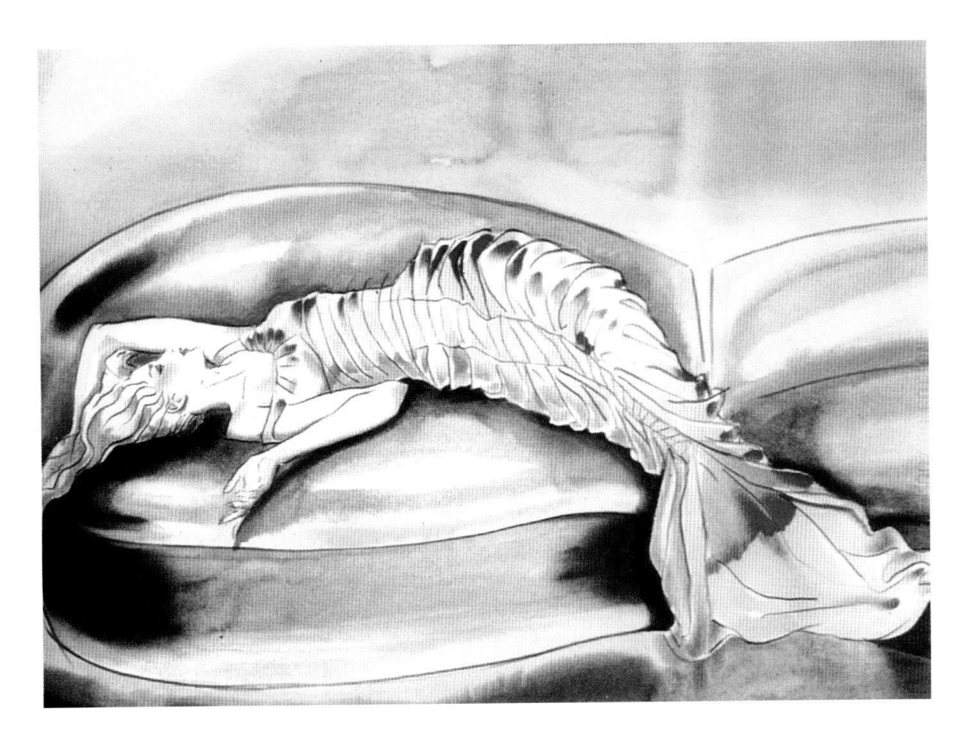

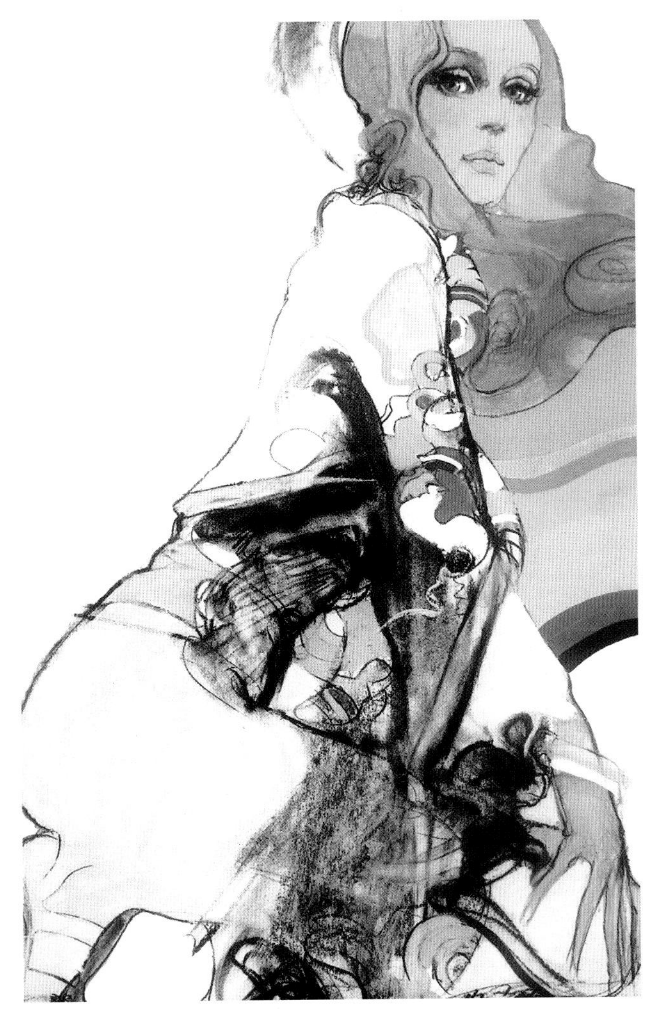

安东尼奥·洛佩兹/Antonio Lopez的时装画创作生涯从20世纪60年代跨越到80年代，其自身的风格也在不断地变化。在他早期的作品当中，可以看出超现实主义风格对他的影响，而随着他写实功力的不断增加，后期的时装画作品则呈现出更加细腻、清秀和婉约的技艺。安东尼奥擅长把自信的设计风格与天生的别致情调结合起来，在时装插图作品中保持了最精美的装饰传统。*Vogue*等时尚杂志的艺术编辑都喜欢采用安东尼奥的作品，因为他的画作充满了装饰的魔力，尤其画中那些身材修长而柔美的女性以及嬉皮风格的人物都是画家对时代的生动描绘。在时装产业风起云涌的20年间，安东尼奥已经成为一种流行的符号和公众人物，他的一举一动都影响着流行的动态，作为时装画家（而非时装设计师）能成为时尚圈的领袖人物，这在时装的历史上并不多见。

3.4 当代时装画（20世纪90年代至今）

对于设计而言，现代主义垄断了设计风格达几十年，已经引起了人们的厌倦，这个时候产生的后现代主义（Postmodernism）无疑给设计师们带来了一股新的活力。后现代主义强调多向多变，强调他人，崇尚非标准、多样化与分散化，认为整体的认识高于纯理性的认识，主张不同学科的相互融合，追求自然发生。这种理念明显是对现代主义所奉行的标准化、系统化、崇尚理性的原则产生的极大偏离。

不停更迭的潮流趋势改变了时装画家的思维方式，使他们超越了对传统的陈腐偏见，从而大胆地向西方传统艺术回归。与此同时，电脑网络科技的发展和“读图时代”的到来，促使他们将现代艺术的各种因素与传统的样式结合起来，让各种不同的艺术风格、艺术样式和材料媒介自由地统一在艺术创作中，时装插画界因此涌现出了更多作风大胆、品位独特的艺术家，时装画也因此呈现出越来越丰富的视觉语汇。从形式上来看，后现代主义的时装强调形态的隐喻、符号文化和历史的装饰主义，主张新旧糅合、兼容并蓄的折中主义立场，推崇设计手段的含糊性和戏谑性，因此抽象的形象、残缺不全的形象、怪诞离奇的形象、扭曲变形的形象、涂鸦形象、卡通形象、写实形象以及惟妙惟肖的古典主义形象纷纷成为各领风骚的时装画艺术流派。此外，强烈而丰富的色彩感也是当代时装画的主要特征，长而疏阔的笔触、强烈刺目的纯色和大胆疏放的画风都在展示当代画家或设计师个性鲜明的艺术主张。

作者：田国琳

抽象的形象（作者：马茨·格斯塔夫森/Mats Gustafson）

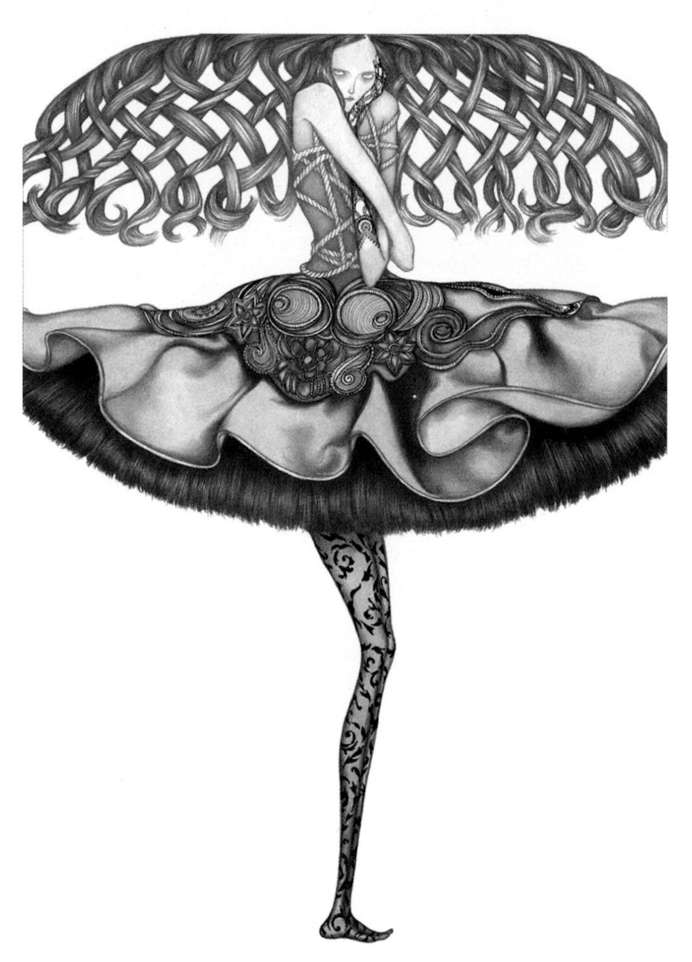

怪诞的形象（作者：劳拉·莱恩/Laura Laine）

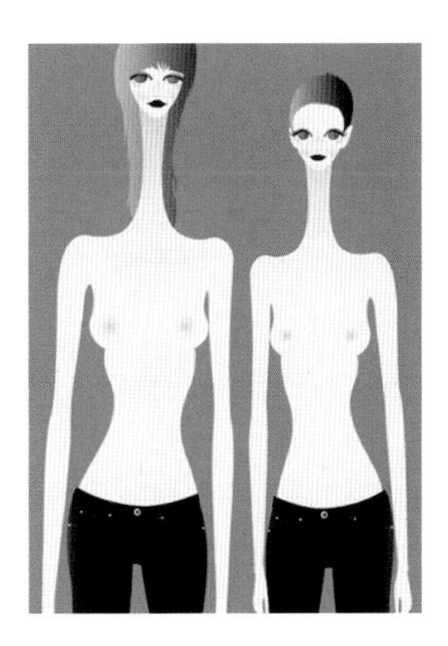

稚气的卡通形象（作者：Ed. Tsuwaki）

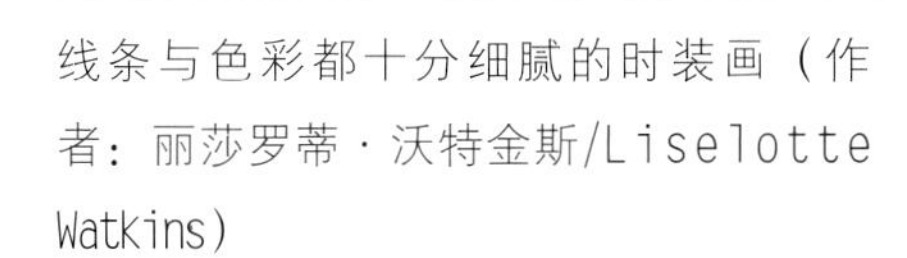

线条与色彩都十分细腻的时装画（作者：丽莎罗蒂·沃特金斯/Liselotte Watkins）

借助电脑特效完成的时装画（作者：杰森·布鲁克斯/Jason Brooks）

与以往不同的是，当代时装画家们的作品不再过多地依附于时装设计师的创作，而是由于注入了更多的个人视角而呈现出相对独立的商业价值。它们通常被用作重要的时尚符号出现在服装、配饰、文具、日用品甚至室内装潢上面，甚至还出现了经营时装画作品的专门机构，例如位于伦敦的FIG画廊（Fashion Illustration Gallery）。由此可见，内因和外力都促使时装画在更加广泛的领域内成为新一代消费群体表达个人审美情趣的重要渠道，时装画已经成为人们时尚生活中一个不可或缺的环节。

时装插画家戴维·唐顿/David Downton的作品被印在了英国著名零售商玛莎百货(Marks&Spencer)的环保袋上。

思考和练习：1. 选择自己所喜爱的时装画家进行课堂发言，在叙述中请注意结合当时的历史文化背景、产业状况以及画家本人的艺术风格特征等内容。

2. 结合自身的专业知识和日常观察，请以“我对时装画的认识”为题写一篇300～500字的小论文。

第二章 时装画人体

Chapter Two Figure of Fashion Drawing

— 课题名称：时装画人体

— 课题内容：正确看待时装画中的人体特征
绘制人体
人体细部的刻画
着装人体的速写练习

— 课题时间：12课时

— 教学目的：让学生了解时装画的人体表现特征，掌握不同姿态人体的绘画技巧，掌握人体细部的刻画规律。

— 教学方式：课堂演示，组织学生之间互为模特进行速写训练，集中点评课后的习作。

— 教学要求：1. 使学生正确认识时装画人体比例及结构的特征。
2. 使学生熟练地掌握不同姿态的人体绘画技巧。
3. 使学生了解服装与人体结合时的各种状态。

— 课前准备：提供人体解剖图或人体模型作为辅助教具，准备适合于课堂演示的绘画工具。

1. 正确看待时装画中的人体特征

尽管有越来越多的服装设计作品可以脱离人体的支撑而成为独立存在的创造物，但是作为构建个人化符号的重要工具，服装与人体的结合才是其最普遍存在的形态。因此，研究并掌握不同类型服装与人体之间的关系对于服装的创作活动有着十分积极的意义。

作者：李琦

“人体结构”是每一个想要从事时装绘画的人所必须经历的学习项目，它的重要性无异于人们在学习语文和数学的过程中对于拼音字母和乘法口诀表的掌握，换而言之，它是时装绘画得以展开和深入的基石。这是一个建立在大量观察与反复练习上的学习过程，但过程的严谨性与枯燥感也时常会使许多人感到很大压力。那么，如何有效地渡过这一学习阶段呢？我想，从“正确认识时装绘画中的人体特征，排除对于人体绘画的惧怕心理”入手不失为一个好的办法。

首先，时装绘画中的人物类型并不像纯绘画作品所触及的那样广泛和多样，其表现的对象是一种经过提炼和概括的人体造型，具有一定的标准化概念，因此绘画者可以不必过于深入地研究各种体态的解剖学结构，从而也无须为了人体骨骼和肌肉的逼真再现而大伤脑筋。其次，时装画所表达的是服装与人体结合以后的整体效果，其主体应当是鲜明而突出的，那些烦琐细碎的笔触反而无益于创作者思想的表达。因此基础绘画中用明暗或者冷暖影调来塑造立体感的方法在此也可有所减弱，绘画者可以把注意力主要集中在线条和色彩的考量上。最后，基于时装绘画的用途，人们已经在长期的实践中揣摩出了一些相对固定的人体姿态作为日常设计工作中的模版（即有一些程式化的内容被总结了出来），如此一来，许多并不适用于展现服装设计作品的人体姿势和角度，例如躬背、弯腰、下蹲及俯视图等，就都可以不被列为学习的重点。当然，这些难以掌握的人体透视与动态可以随着学习步骤的深入而逐一得到攻克。

综上所述，我们可以得出，由服装设计活动引发的时装绘画，其重点并不在于忠实地还原人体，而是为了视觉化地展现设计师的创作意图，因此，时装画所采用的人体具有更加强烈的主观意识和表现形式，同时还反映出概括化、平面化的特点和强烈的唯美倾向。

作者：张晶

在一开始，初学者不要急于追求人体比例的夸张与变形，也不要急于去挑战那些透视角度奇特、扭曲幅度大的人体姿态，因为如果人体的基础结构和比例是错误的，那么越是美化这个“错误”，“错误”就越会被成倍放大显现出来。初学者应当通过“熟悉人体正常比例”“有侧重地练习若干固定的人体姿态”“临摹优秀的时装画作品”等步骤来逐渐领会时装画中的人体特征，其后才能开始为自己的时装画作品寻找恰当的人体变形尺度。

2. 绘制人体

手绘基本功的训练包含了对造型能力的培养和对审美理论知识的积累，因此，尽管当今艺术活动所能够运用的介质越来越多（例如摄影、摄像、数码技术等），但手绘依然是时装画创作的主要途径。那些经由画笔描绘出来的构图、动势、体积、质感、色块往往是绘画者最个人化的、也是最真诚的思想与灵感的表达。

2.1 几何化的人体

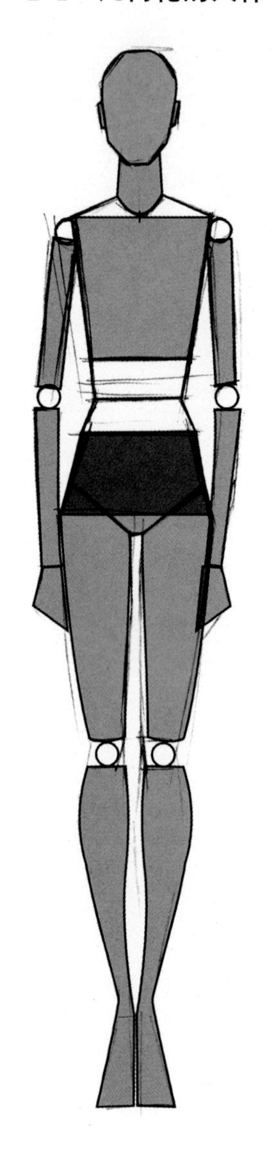

无论人体的轮廓与姿态多么千变万化，抽丝剥茧般地归纳之后，人们能够得到的不外乎是一些日常所熟悉的几何形体。用简单的几何形体对人体的不同部位进行归纳和概括，是学习手绘时装画的首要步骤。

首先，通过观察，可以得出下列一组人体轮廓：

— 头——椭圆形
— 脖颈——梯形
— 胸腔——梯形
— 髋部——梯形
— 四肢——矩形
— 关节——圆形

这是一个最为简洁的人体印象，这些几何形状的外轮廓和位置关系直接反映出人体的性别、比例、形状等诸多方面的重要信息。任何一个几何形状的线条长短变化都能够决定不同特征人体的产生，例如在表示胸腔的梯形中，如果上、下端水平线的长短差异较大，则充分反映出男性宽肩窄臀的“倒三角”体形特征；而如果将所有的几何形状在水平方向上加长，那么描绘出来的人体就会变得粗短、矮壮。在人体绘画当中，往往以“头长”作为基本的测量单位，时装画里模特的体长通常达到9个头高，他们的脖颈、腰节和四肢都会被有意纵向拉长，以增添人体修长、轻盈的视觉感受。

接下来，考虑到人体毕竟不是一片薄纸，因此需要进一步将平面的几何形状转化成为具有三维特征的几何形体。

值得注意的是，由于人体上没有一块骨骼是笔直的，因此，构成人体的几何体也不是数学概念中十分规则的等边多面体；当进一步考虑到人体肌肉的构造时，那些圆柱体、圆台体或棱锥台的边线并不成为直线，而是一些起伏变化的曲线。

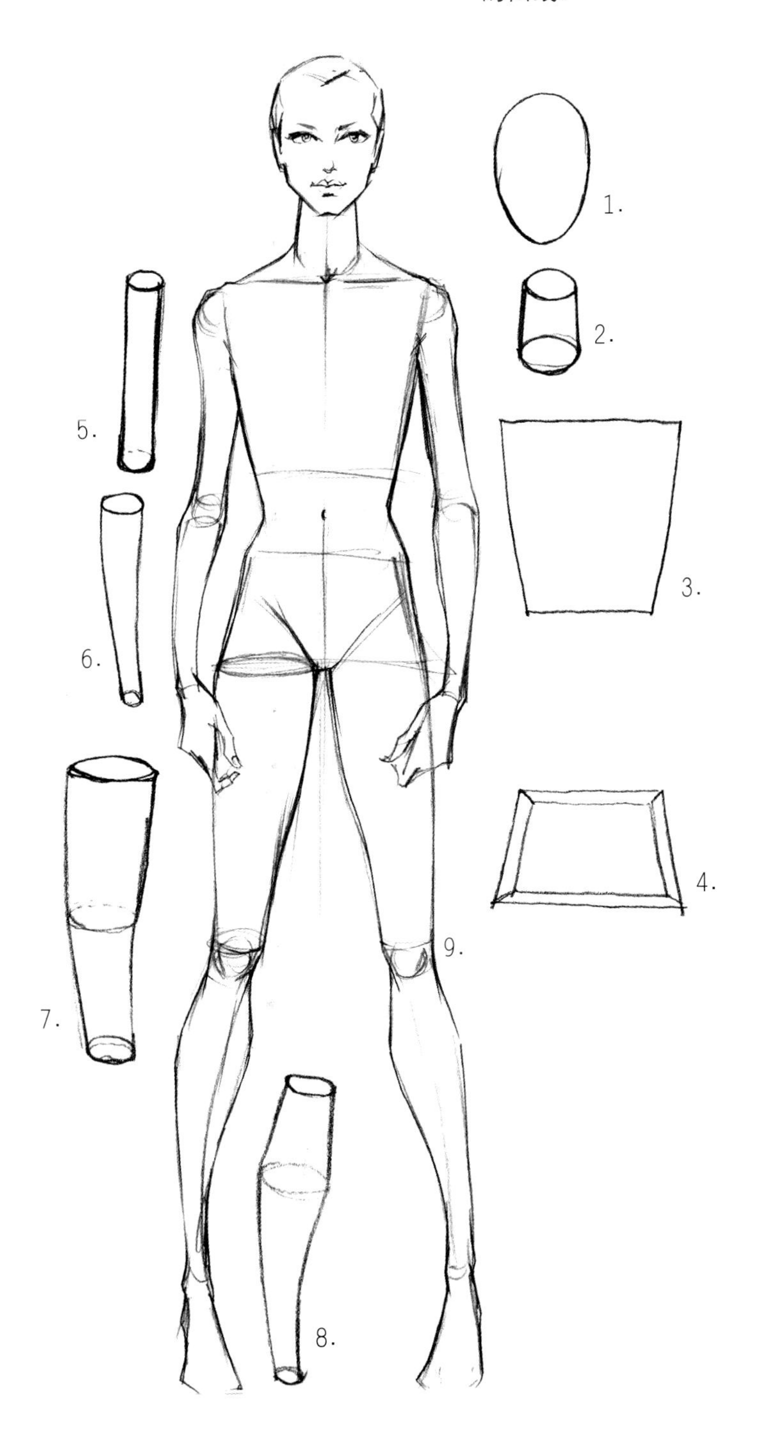

—— 1. 头——上大下小的椭圆球体
—— 2. 脖颈——上小下大的圆台体
—— 3. 胸腔——上大下小的棱锥台
—— 4. 髋部——上小下大的棱锥台
—— 5. 上臂——粗细变化不明显的圆柱体
—— 6. 下臂——上大下小的圆台体
—— 7. 大腿——上大下小的圆台体
—— 8. 小腿——可以分解成为两个部分：上小下大的圆台体A＋上大下小的圆台体B
—— 9. 关节——圆球体

2.2 绘制正面人体

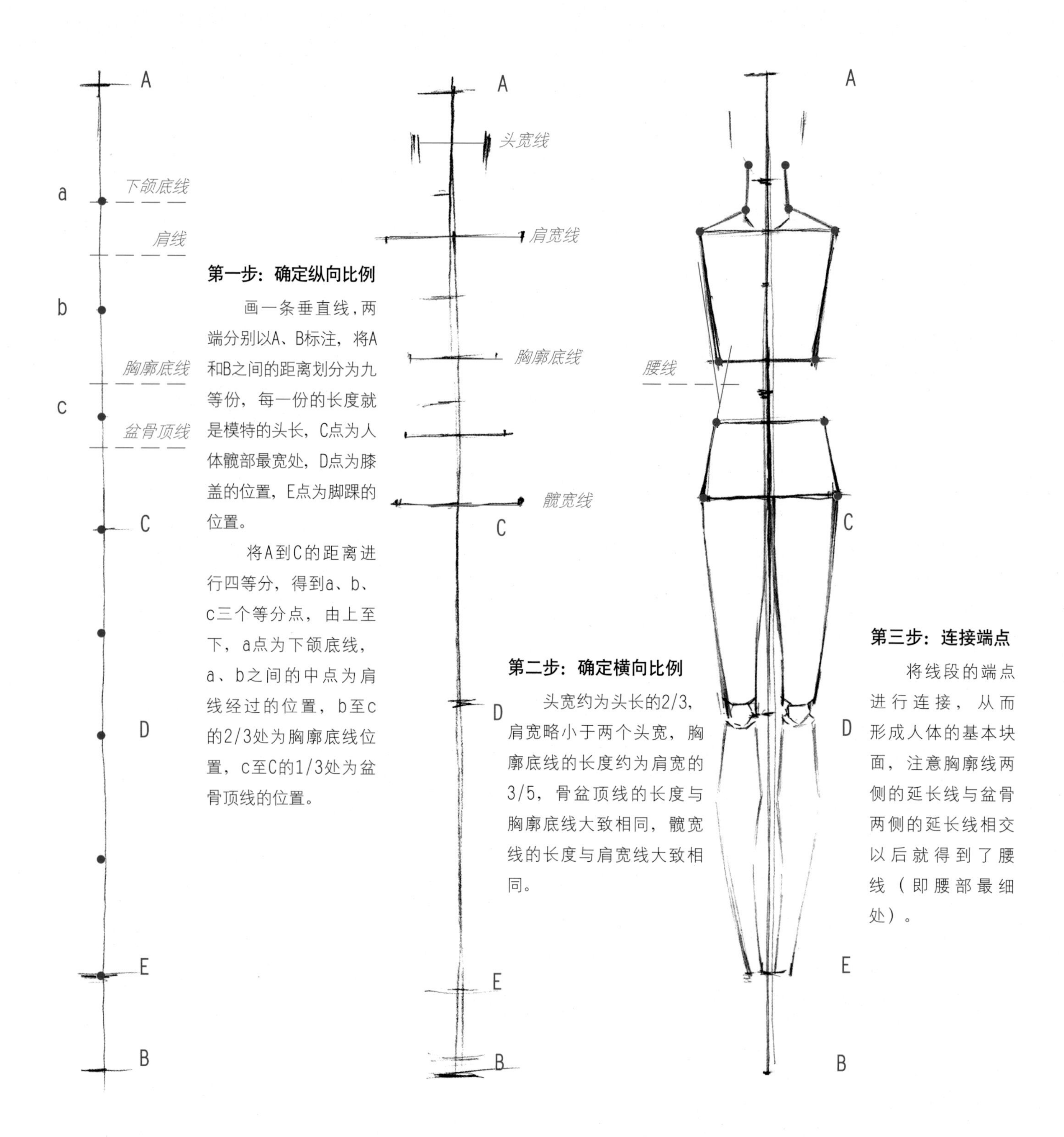

第一步：确定纵向比例

画一条垂直线，两端分别以A、B标注，将A和B之间的距离划分为九等份，每一份的长度就是模特的头长，C点为人体髋部最宽处，D点为膝盖的位置，E点为脚踝的位置。

将A到C的距离进行四等分，得到a、b、c三个等分点，由上至下，a点为下颌底线，a、b之间的中点为肩线经过的位置，b至c的2/3处为胸廓底线位置，c至C的1/3处为盆骨顶线的位置。

第二步：确定横向比例

头宽约为头长的2/3，肩宽略小于两个头宽，胸廓底线的长度约为肩宽的3/5，骨盆顶线的长度与胸廓底线大致相同，髋宽线的长度与肩宽线大致相同。

第三步：连接端点

将线段的端点进行连接，从而形成人体的基本块面，注意胸廓线两侧的延长线与盆骨两侧的延长线相交以后就得到了腰线（即腰部最细处）。

第五步：画出肌肉的起伏轮廓

时装画中的人体应当避免出现过于苍劲虬结的肌肉状态，而是以柔和的曲线穿插为主。这些起伏的线条之间有着一些相互的对照关系，绘画的技巧如图中所示。

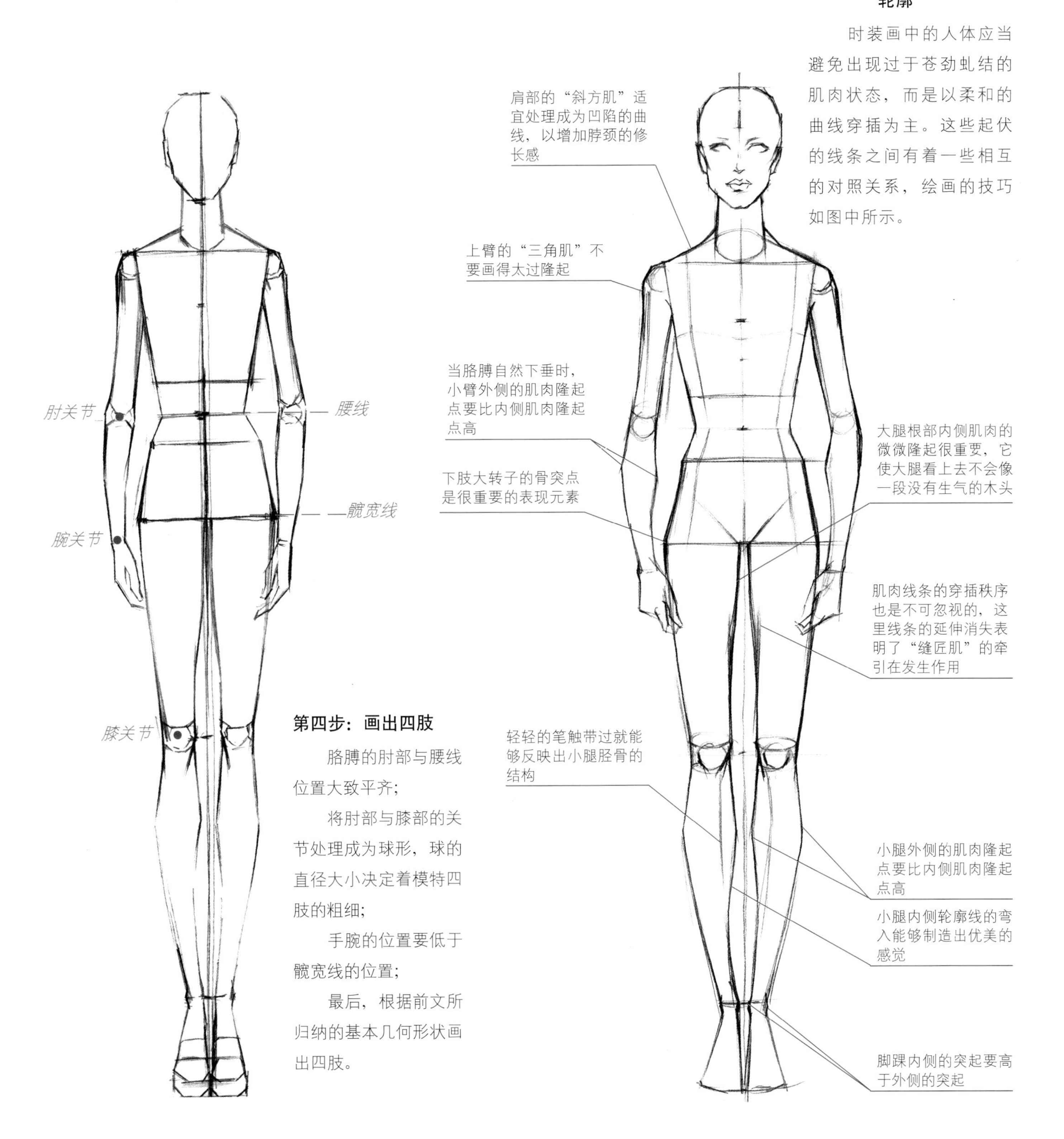

第四步：画出四肢

胳膊的肘部与腰线位置大致平齐；

将肘部与膝部的关节处理成为球形，球的直径大小决定着模特四肢的粗细；

手腕的位置要低于髋宽线的位置；

最后，根据前文所归纳的基本几何形状画出四肢。

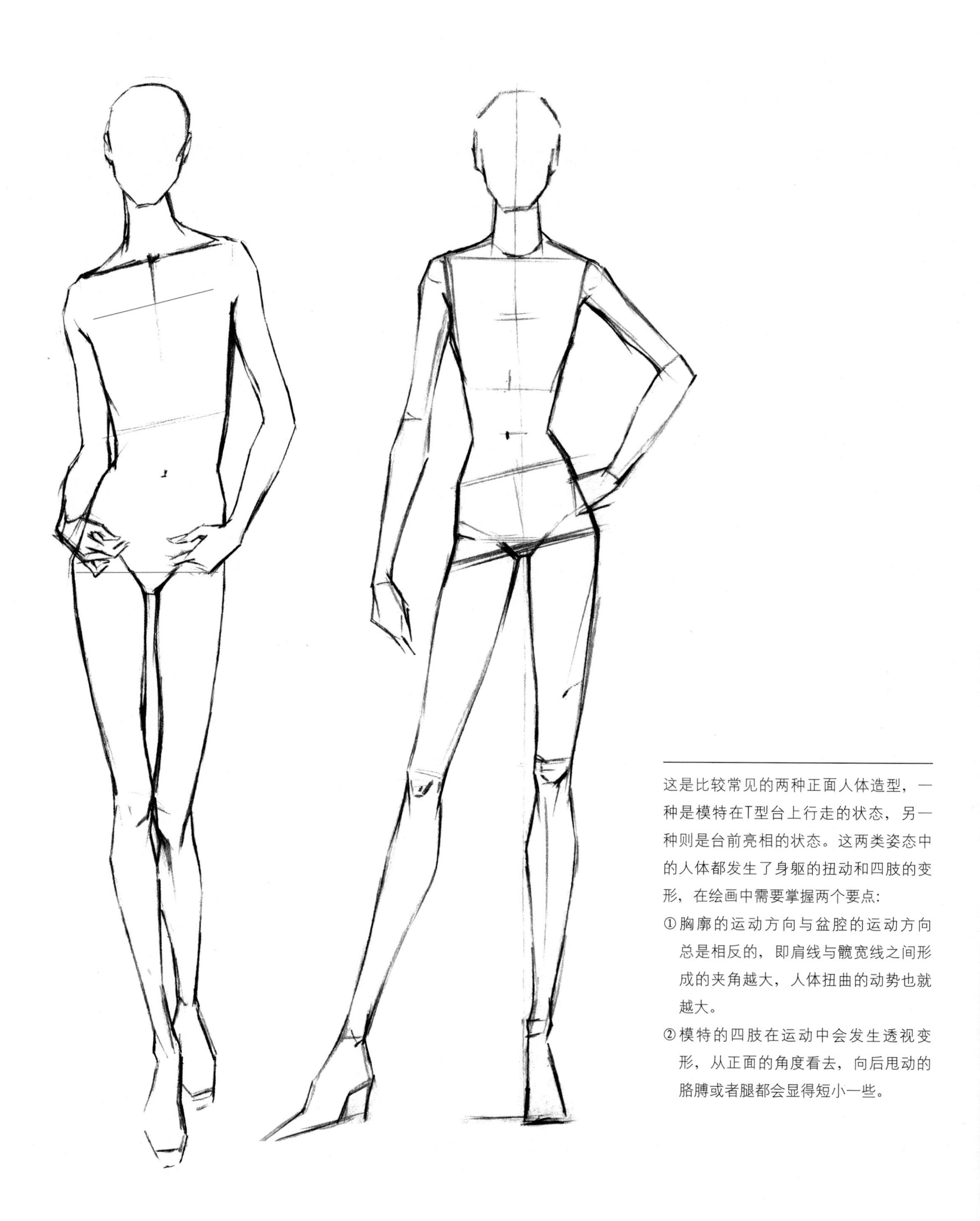

这是比较常见的两种正面人体造型，一种是模特在T型台上行走的状态，另一种则是台前亮相的状态。这两类姿态中的人体都发生了身躯的扭动和四肢的变形，在绘画中需要掌握两个要点:

①胸廓的运动方向与盆腔的运动方向总是相反的，即肩线与髋宽线之间形成的夹角越大，人体扭曲的动势也就越大。

②模特的四肢在运动中会发生透视变形，从正面的角度看去，向后甩动的胳膊或者腿都会显得短小一些。

为了避免正面绘制的人体显得呆板，我们可以灵活地安排模特的头、颈、肩和四肢的朝向。在此图中，除了人体的躯干部分和下肢保持基本的正面方向以外，扭动的头部和张开的双手都呈现出一种舒展、高雅的姿态，非常适合礼服类服装的表现。

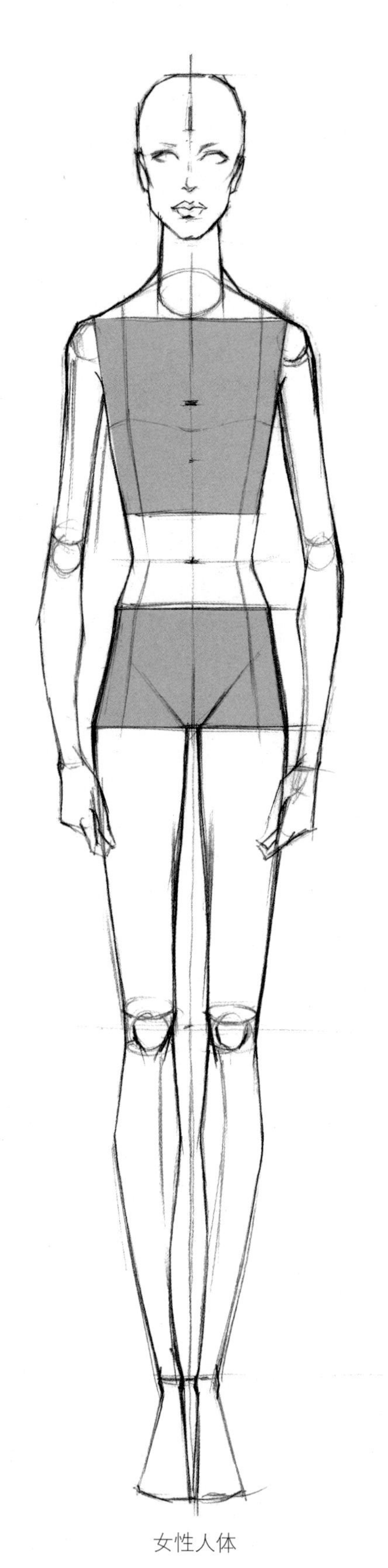

女性人体

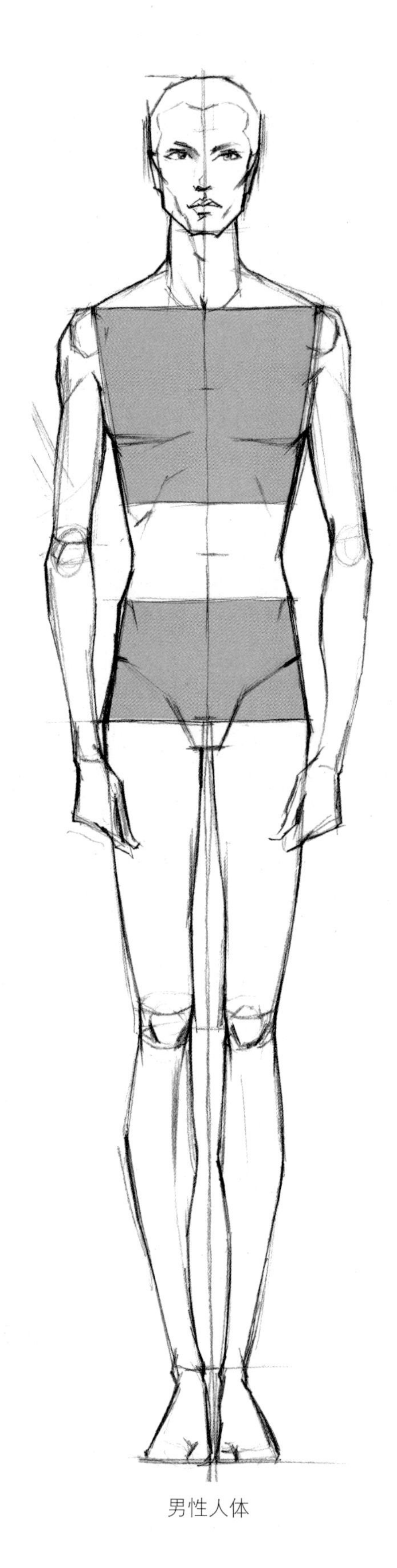

男性人体

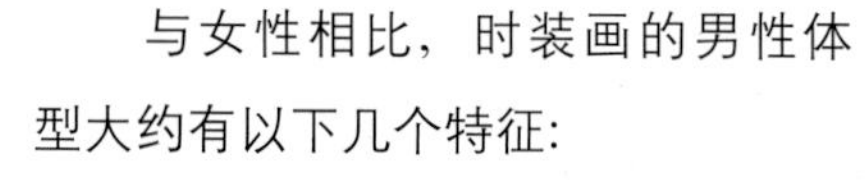

与女性相比，时装画的男性体型大约有以下几个特征:

1. 脖颈比较粗壮，肩部的“斜方肌”微微向上隆起。
2. 肩宽略大于两个头长，也大于盆腔宽度，因此男性的躯干部分呈倒三角形；而女性的肩宽通常小于两个头长，并与盆腔宽度大致相同。
3. 胸廓与盆腔之间的距离较短，而女性的则较长，因此男性的侧腰线条不会像女性那样显得修长。
4. 腰部、四肢都比较粗壮，肌肉组织明显，关节部位较突出。

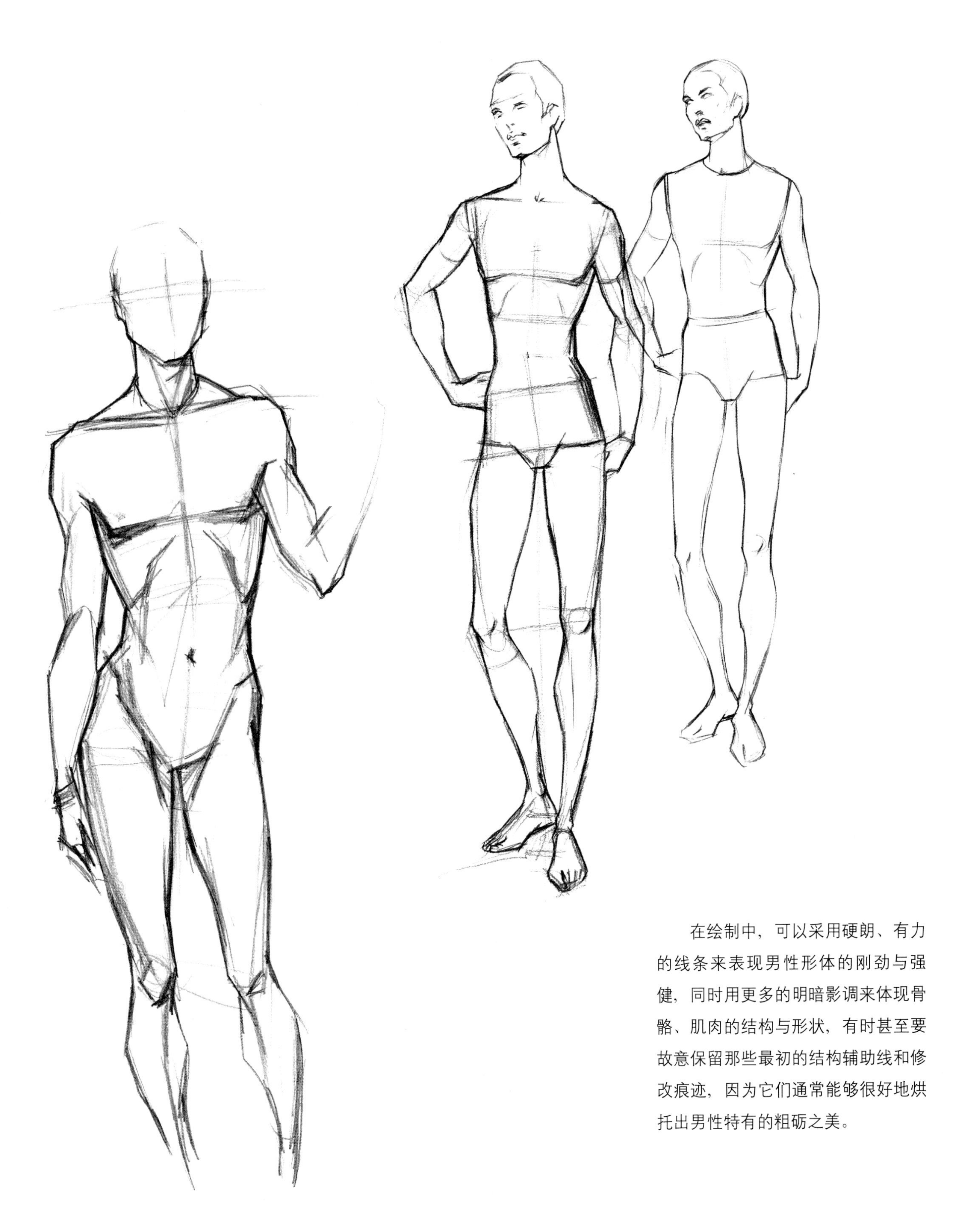

在绘制中，可以采用硬朗、有力的线条来表现男性形体的刚劲与强健，同时用更多的明暗影调来体现骨骼、肌肉的结构与形状，有时甚至要故意保留那些最初的结构辅助线和修改痕迹，因为它们通常能够很好地烘托出男性特有的粗砺之美。

2.3 绘制3/4侧面人体

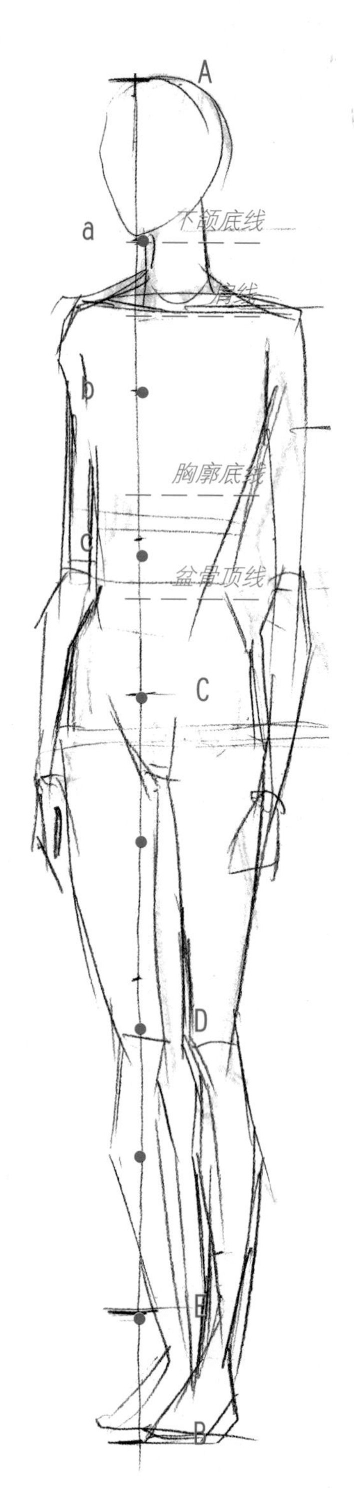

第一步：确定纵向比例

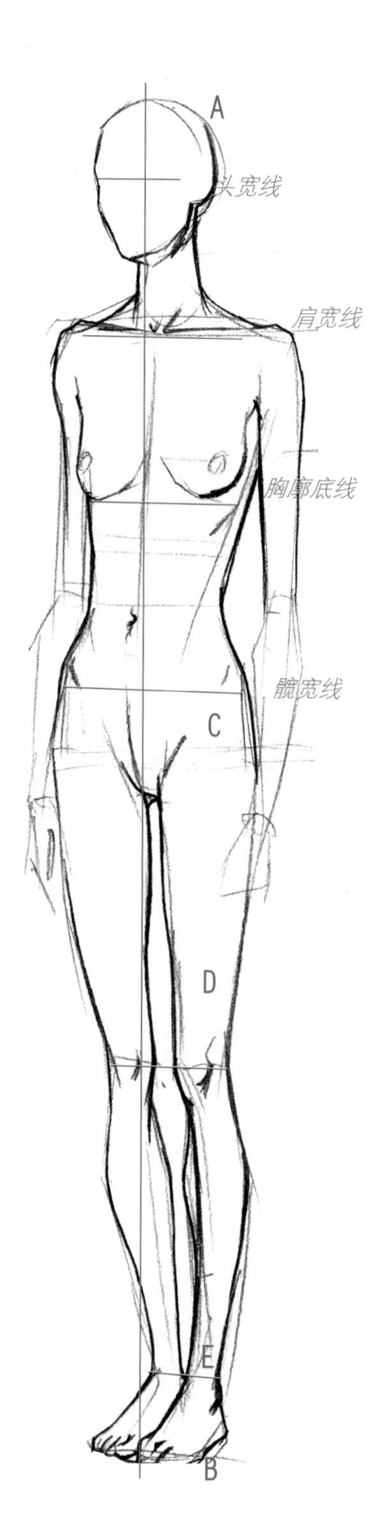

第二步：确定横向比例

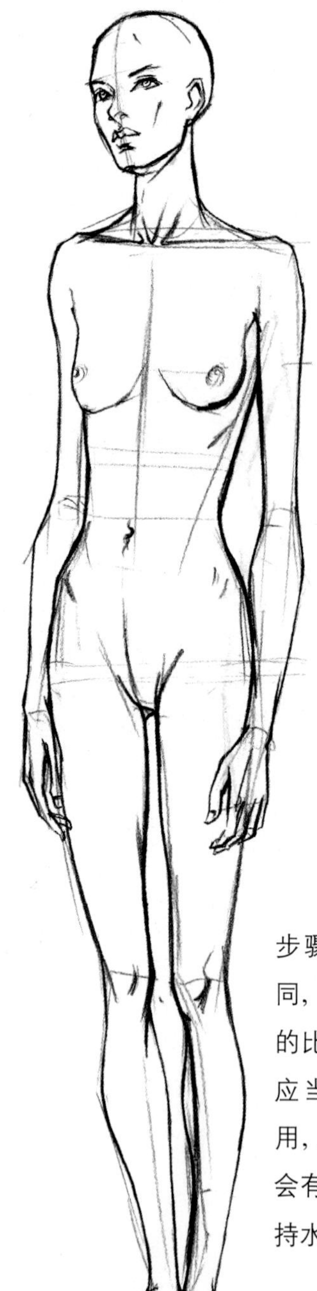

第三步：画出人体外部轮廓

3/4侧面人体的绘画步骤与正面人体大致相同，只是在确定人体横向的比例关系（第二步）时应当注意：由于透视作用，人体前宽线的长度都会有所缩减，并且不再保持水平状态。

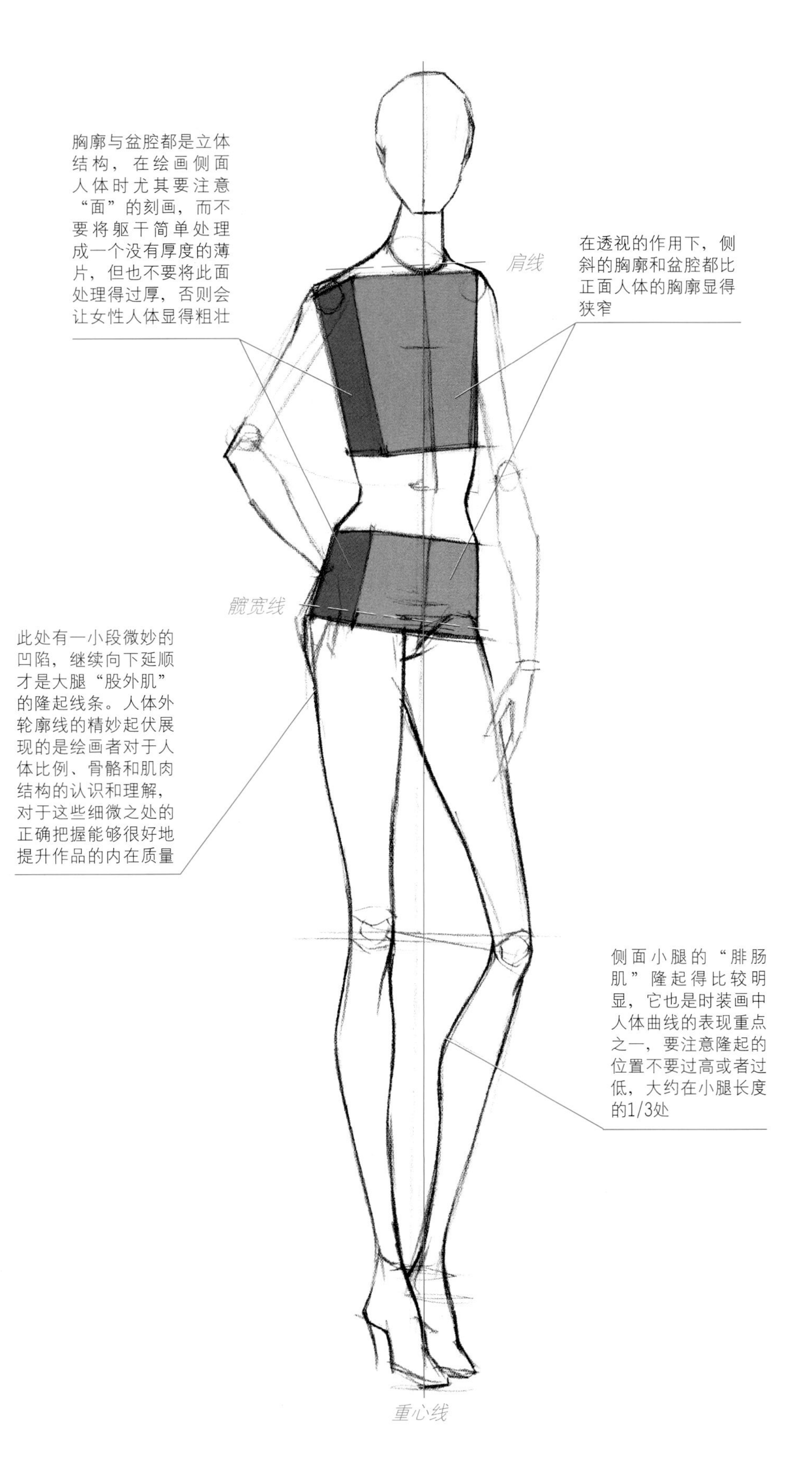
胸廓与盆腔都是立体结构，在绘画侧面人体时尤其要注意“面”的刻画，而不要将躯干简单处理成一个没有厚度的薄片，但也不要将此面处理得过厚，否则会让女性人体显得粗壮
肩线
在透视的作用下，侧斜的胸廓和盆腔都比正面人体的胸廓显得狭窄
髋宽线
此处有一小段微妙的凹陷，继续向下延顺才是大腿“股外肌”的隆起线条。人体外轮廓线的精妙起伏展现的是绘画者对于人体比例、骨骼和肌肉结构的认识和理解，对于这些细微之处的正确把握能够很好地提升作品的内在质量
侧面小腿的“腓肠肌”隆起得比较明显，它也是时装画中人体曲线的表现重点之一，要注意隆起的位置不要过高或者过低，大约在小腿长度的1/3处
重心线

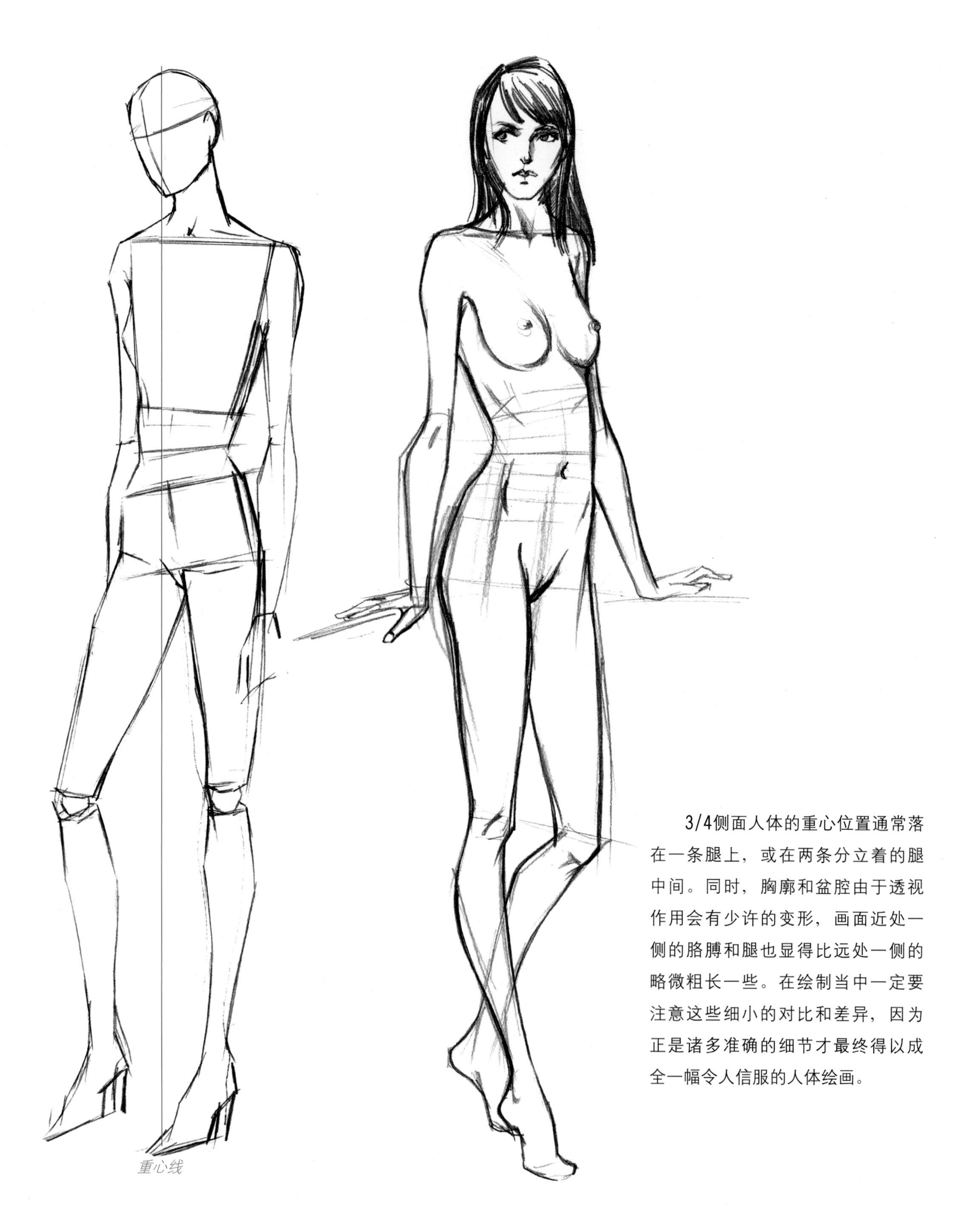

3/4侧面人体的重心位置通常落在一条腿上，或在两条分立着的腿中间。同时，胸廓和盆腔由于透视作用会有少许的变形，画面近处一侧的胳膊和腿也显得比远处一侧的略微粗长一些。在绘制当中一定要注意这些细小的对比和差异，因为正是诸多准确的细节才最终得以成全一幅令人信服的人体绘画。

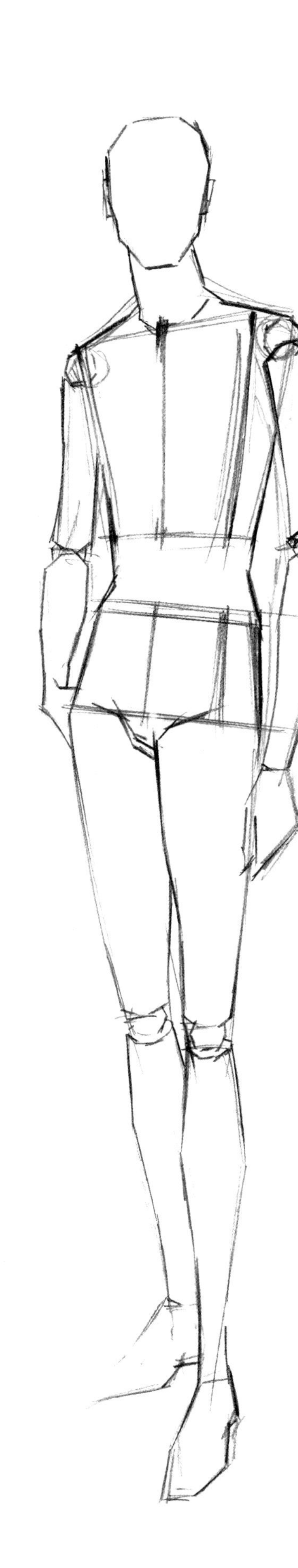

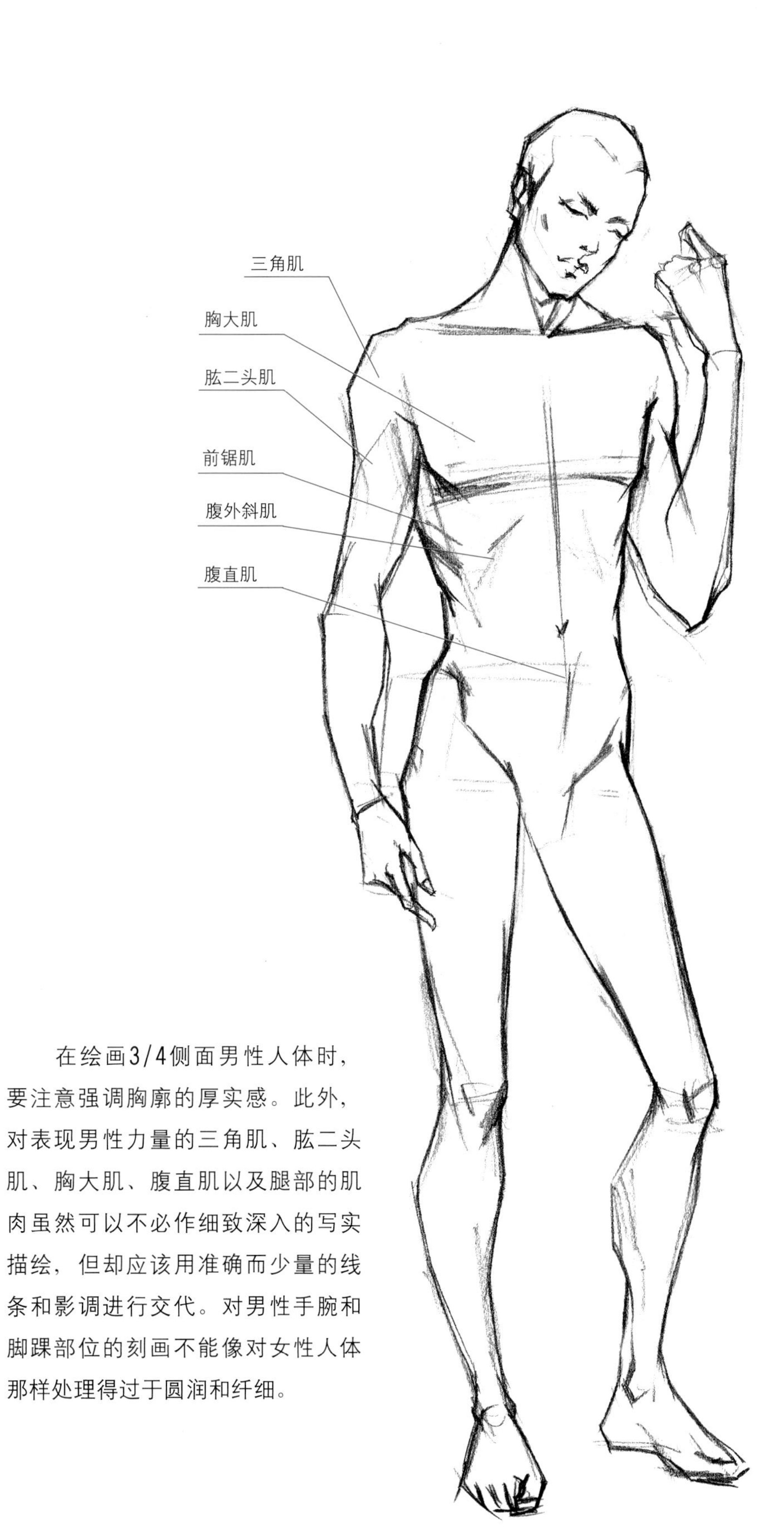

在绘画3/4侧面男性人体时，要注意强调胸廓的厚实感。此外，对表现男性力量的三角肌、肱二头肌、胸大肌、腹直肌以及腿部的肌肉虽然可以不必作细致深入的写实描绘，但却应该用准确而少量的线条和影调进行交代。对男性手腕和脚踝部位的刻画不能像对女性人体那样处理得过于圆润和纤细。

2.4 绘制侧面人体

由于透视的作用，侧面人体的胸廓和盆腔会显得很薄。贯穿头、颈、背、臀部以及前胸、腹部的外侧面轮廓线是侧面人体的表现重点，在绘画时要注意人体曲线的自然起伏和延伸，不要画得过于突兀。

男性的正侧面依然保持了一种倒三角形的体态特征——胸腔是最厚的部分，腹部平坦。

男性的臀部虽然也向后突起，但由于体积较小，因此不会像女性臀部那样显得丰满、浑圆，适宜用较短的切线来塑造。

2.5 绘制背面人体

背面人体的整体结构画法与正面人体基本一样，只是在一些局部位置上的透视关系略有差别，例如背面人体的肘关节突出，膝关节却凹陷。

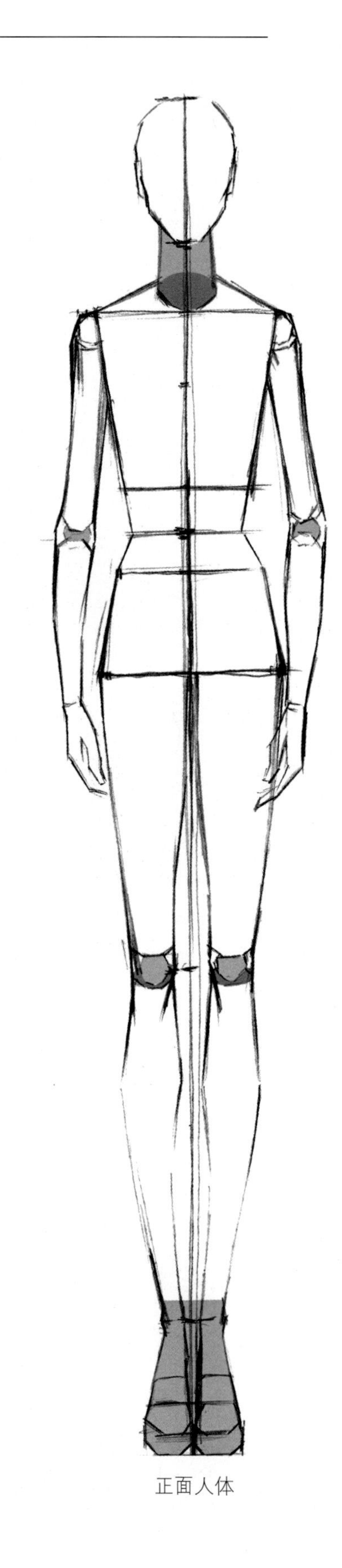

正面人体

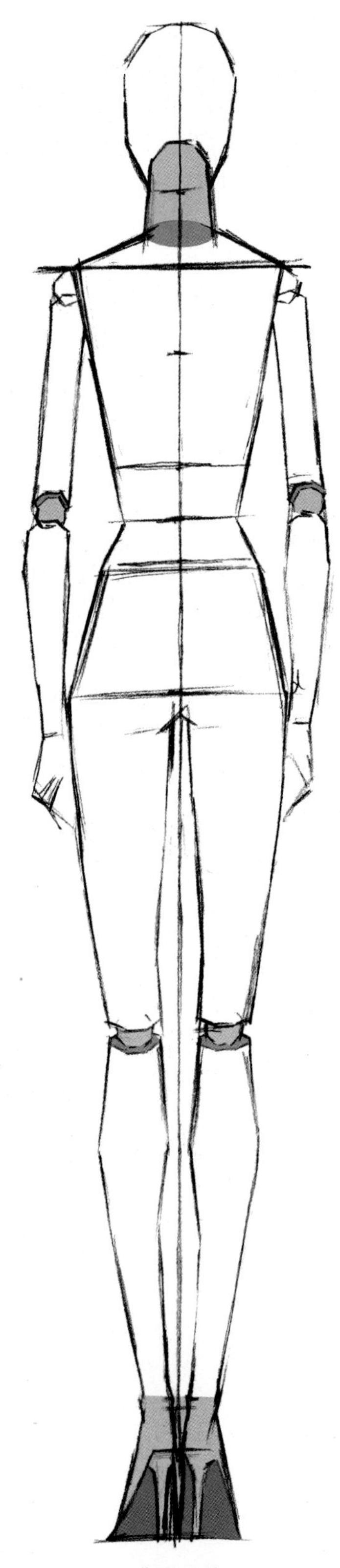

背面人体

在大多数时装画中，随着模特身体的扭动，脊柱通常会呈现出某种富有张力的动态曲线，因此，要想画出优美的人体背部，首先就应确立后背中心位置脊柱线的运动形态。

男性由于皮下脂肪较少，因此其背部通常比女性呈现出更多人体骨骼和肌肉形状的信息。只要了解几个关键的部位，就可以用寥寥数笔勾画出一个生动的人体背部。

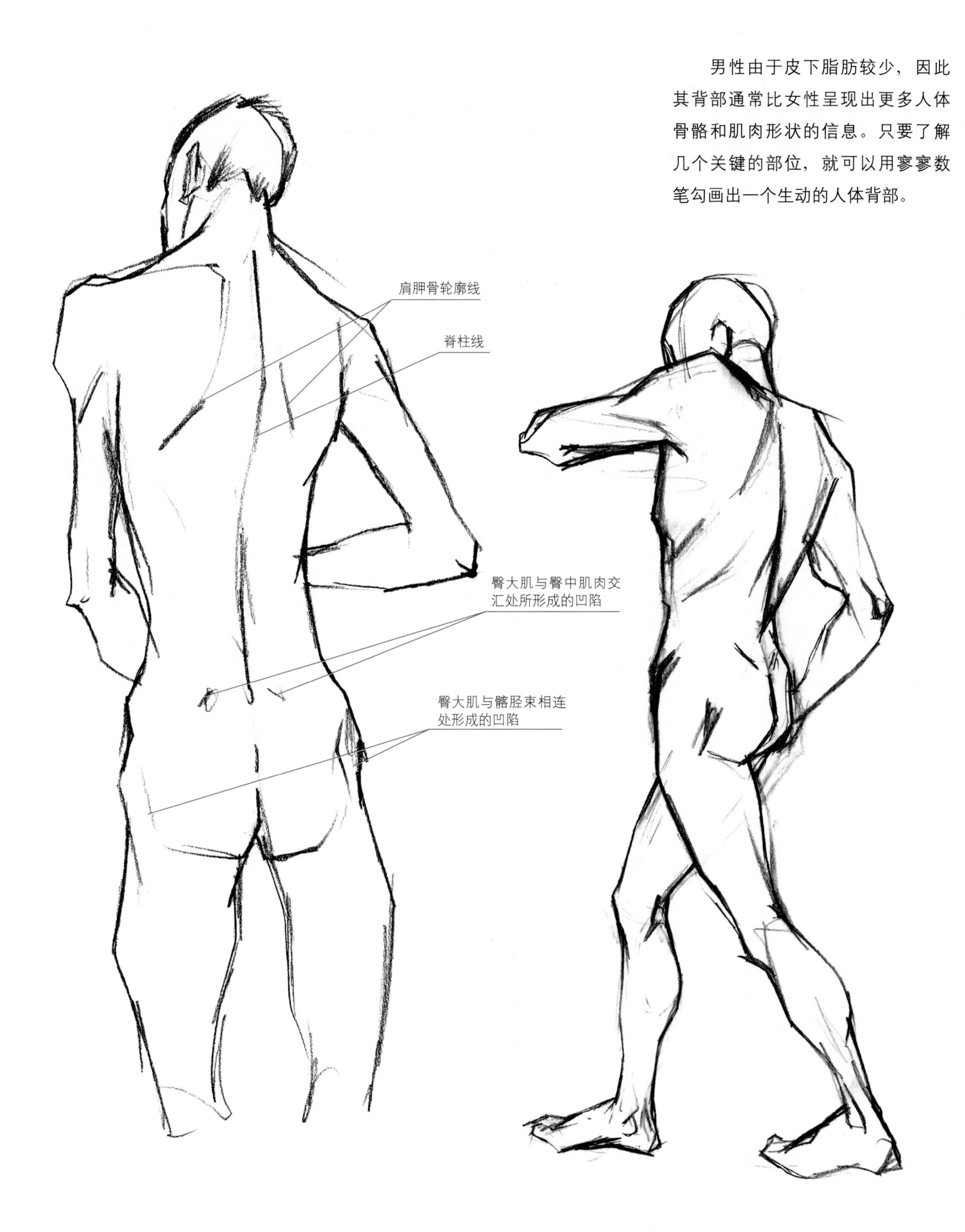

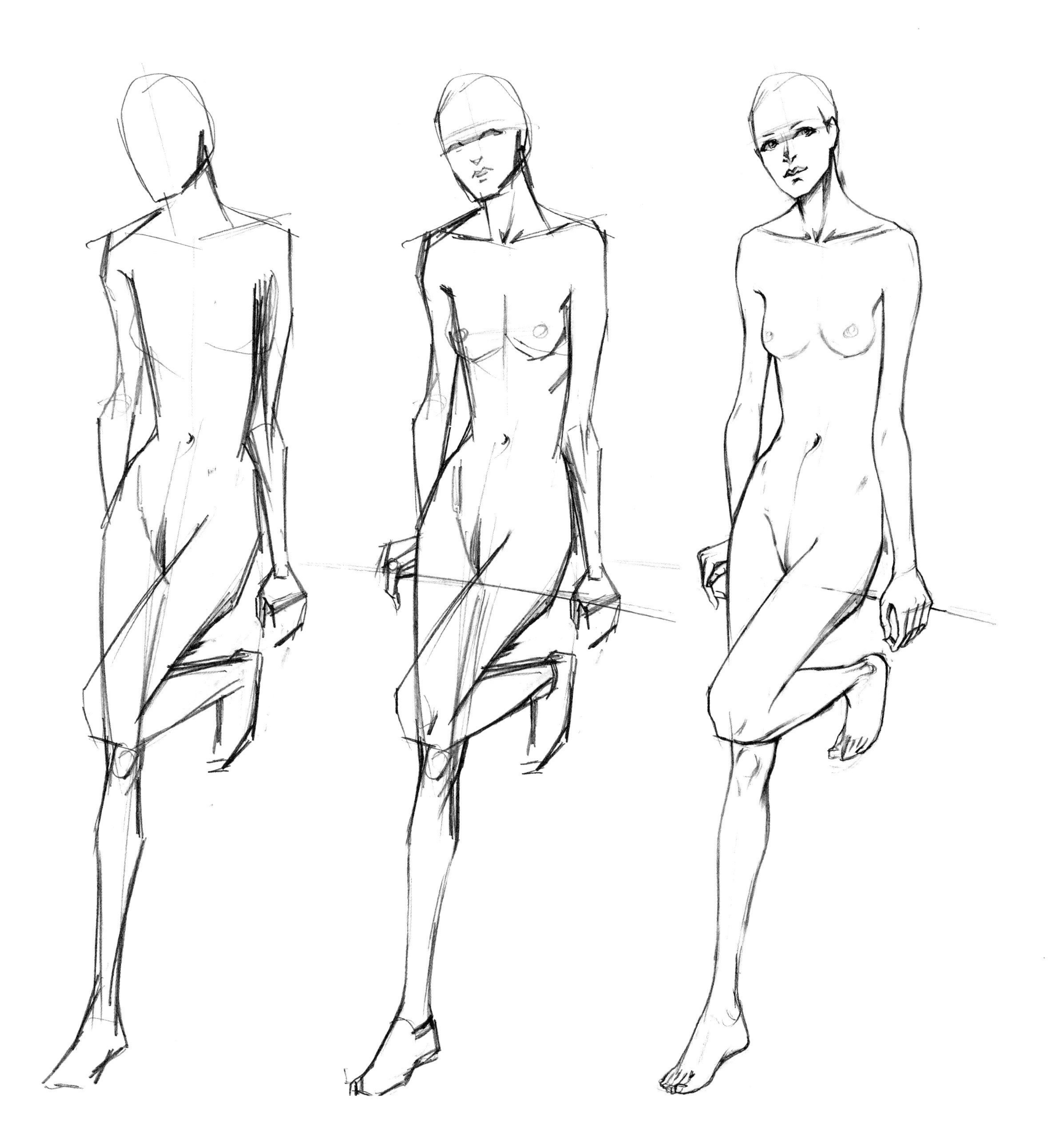

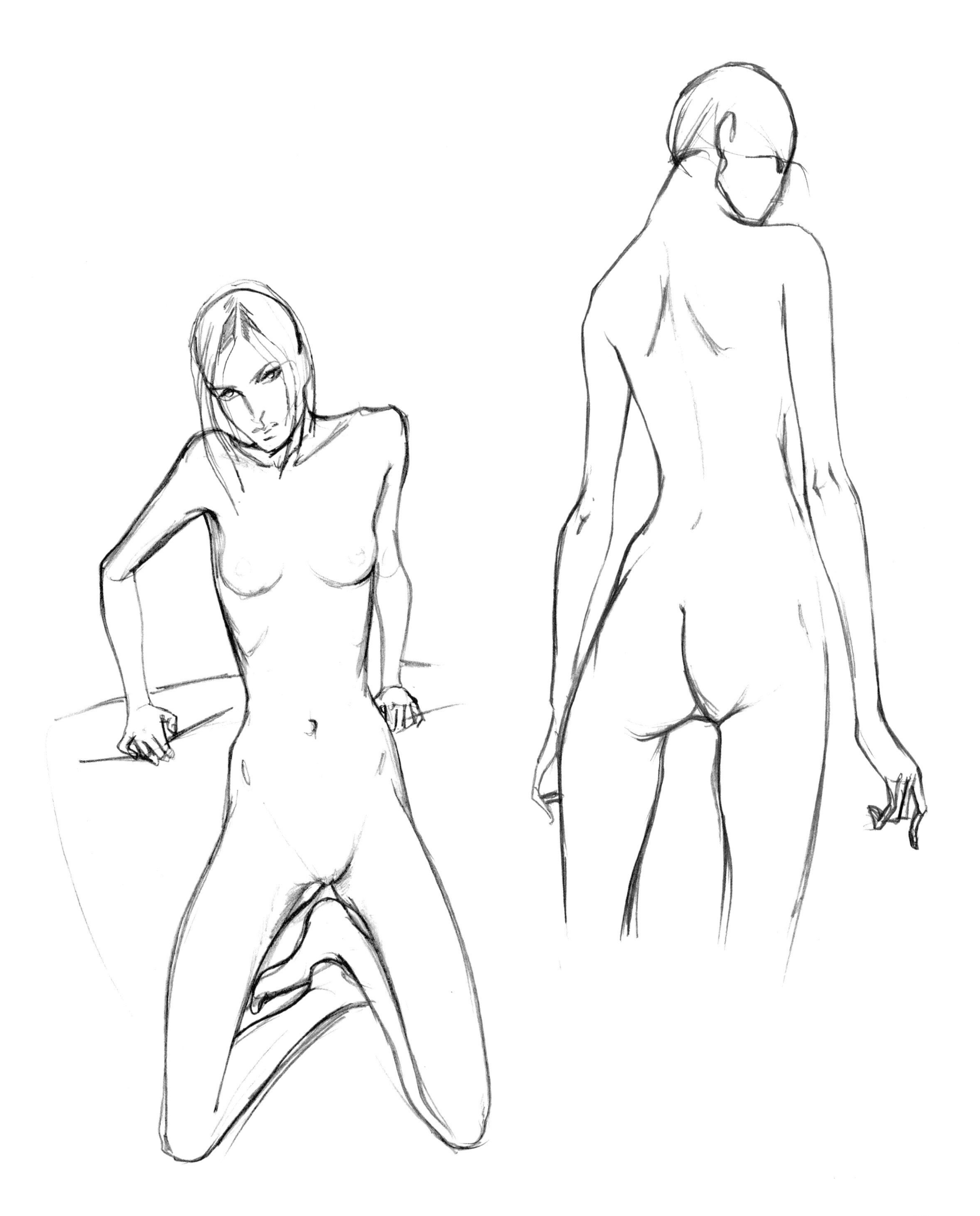

3. 人体细部的刻画

3.1 面容的描绘

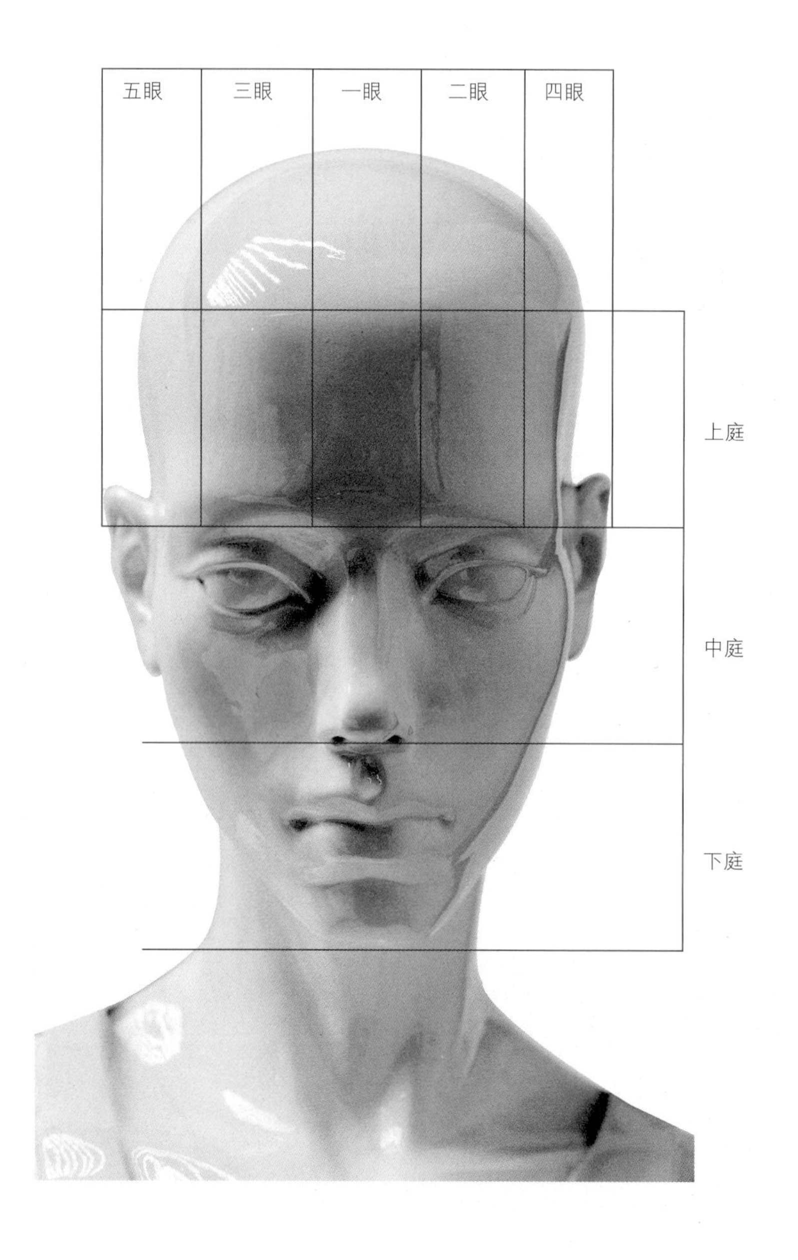

面容的描绘在时装画中是非常重要的环节，模特的表情和妆容都是内在精神气质的表现，对于时装画主题的展现是一种重要的补充。

根据实践经验，正面脸部的结构一般遵循“三庭五眼”的基本比例，“三庭”指从发际线到下颌线的人脸长度为三个鼻子的长度；“五眼”是指从左耳廓外沿到右耳廓外沿的水平方向的人脸宽度为五只眼睛的宽度总合，“三庭五眼”能够帮助绘画者确定大致的五官位置。

在骨骼和肌肉的共同作用下，人脸部位的起伏十分丰富和微妙，对时装画中模特的脸形尤其应当注重立体感的塑造。在绘画时，对额、鼻、颧骨和下颌等突出骨骼部位的确定和描绘就显得十分重要。

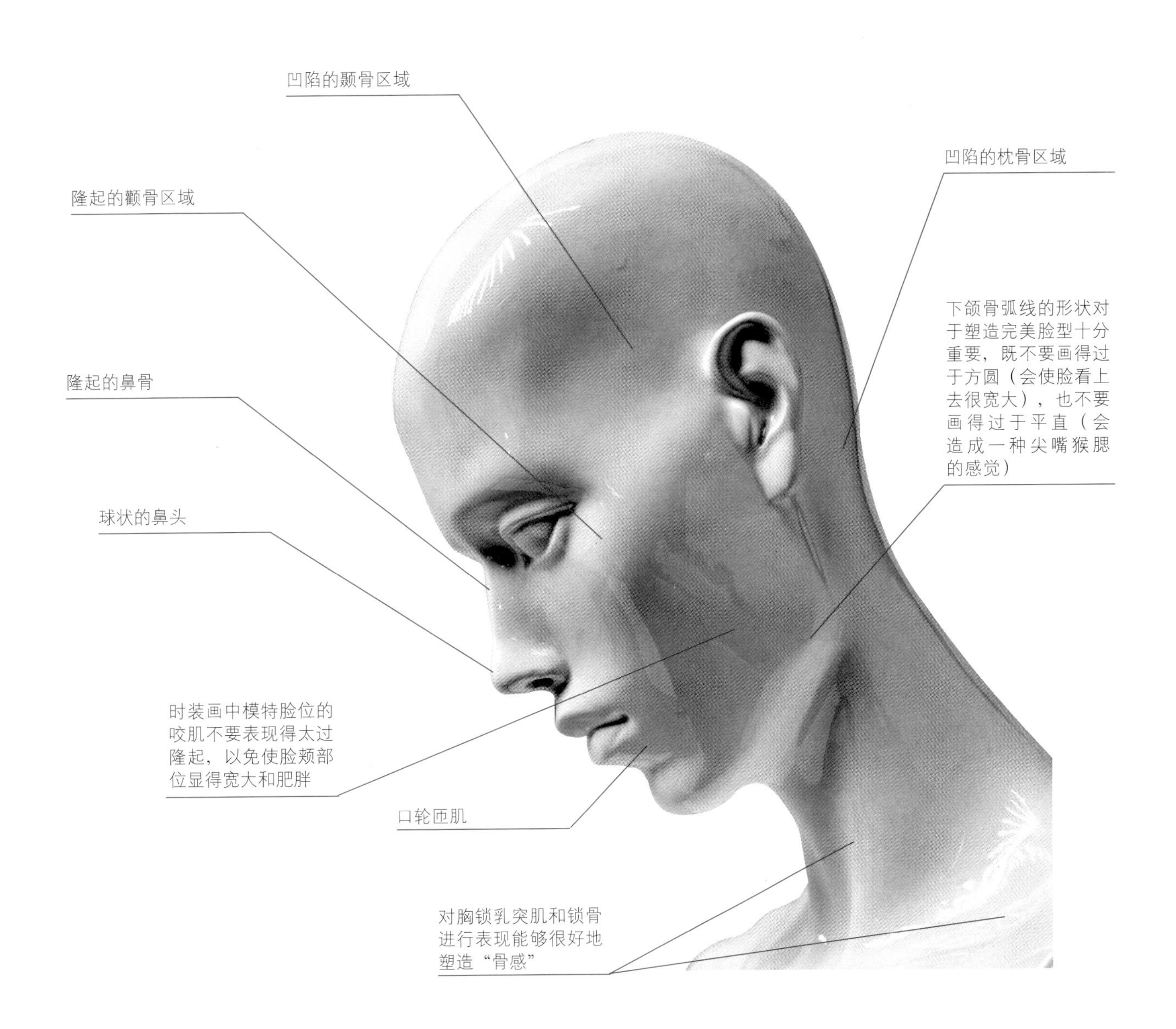

作者：唐溪溪

作者：袁楚恬

作者：崔议毛

在处理男性面容时，可以强调其眉弓、颞骨、颧骨和口轮匝肌等具有阳刚气质的结构特征；反之，女性的面容则应当尽量弱化这些部分，而只用很少的笔触和影调示意即可。女性的面部轮廓宜用简洁、匀净的线条来加以勾画，而眉毛、眼睛、鼻子和嘴唇等五官则可以进行重点地突出。

作者：崔议毛

3.2 发型的描绘

发型在时装画中的作用十分重要，恰当的发型往往能够传递出非常强烈的时尚讯息和个性符号。

在绘画时，无论是面对披散下来的头发还是束起的头发，我们不要被表面那些数目众多的发丝所困扰，而是首先要从整体上理解头发是依附在头颅表面的一层毛发（甚至可以把它想象成一块盖在圆球上的布），因此它有明确的明暗交界线、亮部、暗部以及反光部位。

在明确了大的块面结构和明暗关系之后，再根据具体的发型样式进行发丝的组织、穿插和透视变化。额前、鬓角的头发通常是要做精细刻画的，因此应尽量运用松动而细致的笔触，而头顶及脑后的那些头发，我们只要用寥寥数笔将大致轮廓表现出来就好，这种虚实相结合的画法可以令头发充满空气感，增加人物面部的个性魅力。

作者：李鹏

作者：付元丽

作者：许渲晗

作者：王晓莹

作者：洪沛

在很多时候，时装画里的人物发型可以被“定格”在某一瞬间——或飘逸柔美，或张扬霸气，或虬劲奇巧……这给画面增添了一份超越自然的张力，进而营造出一种戏剧性的画面氛围。

作者：张肖林

作者：郑雯心

作者：杨雨心

作者：胡文科

3.3 手的描绘

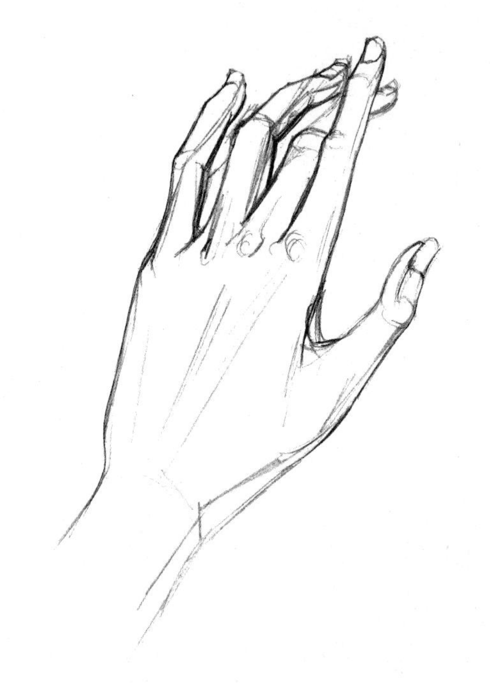

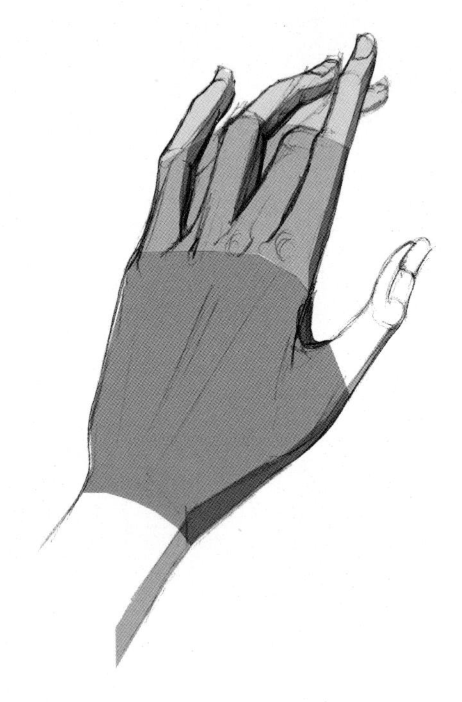

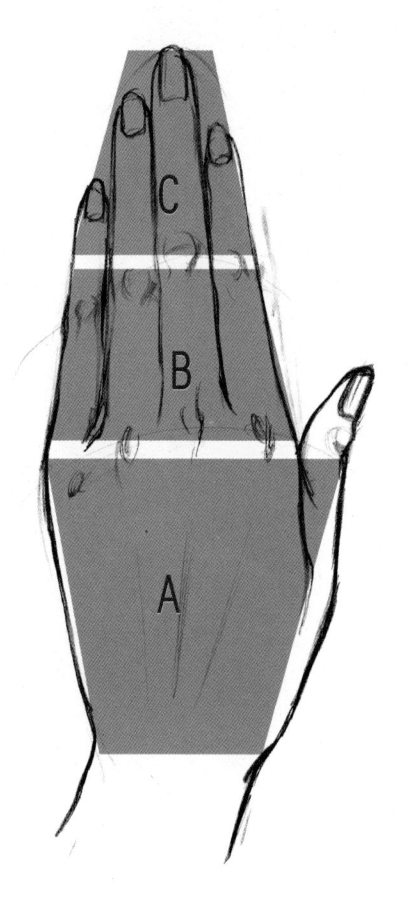

手部的骨骼和肌肉较多，因此手的形态非常丰富，但这也增加了绘画的难度。很多时装画绘画者由于惧怕画手而总是将手处理成被人体遮挡或是被衣服掩盖的样子，这就使得一些服装细节不能被完整地表现出来，从而使画面效果打了折扣。

其实在画手时，可以首先进行几何化的处理，将手掌（A）、手指关节下半部分（B）和手指关节上半部分（C）处理成为三块不等边的梯形面，手的活动就是这三个块面在不同角度所呈现的形态。

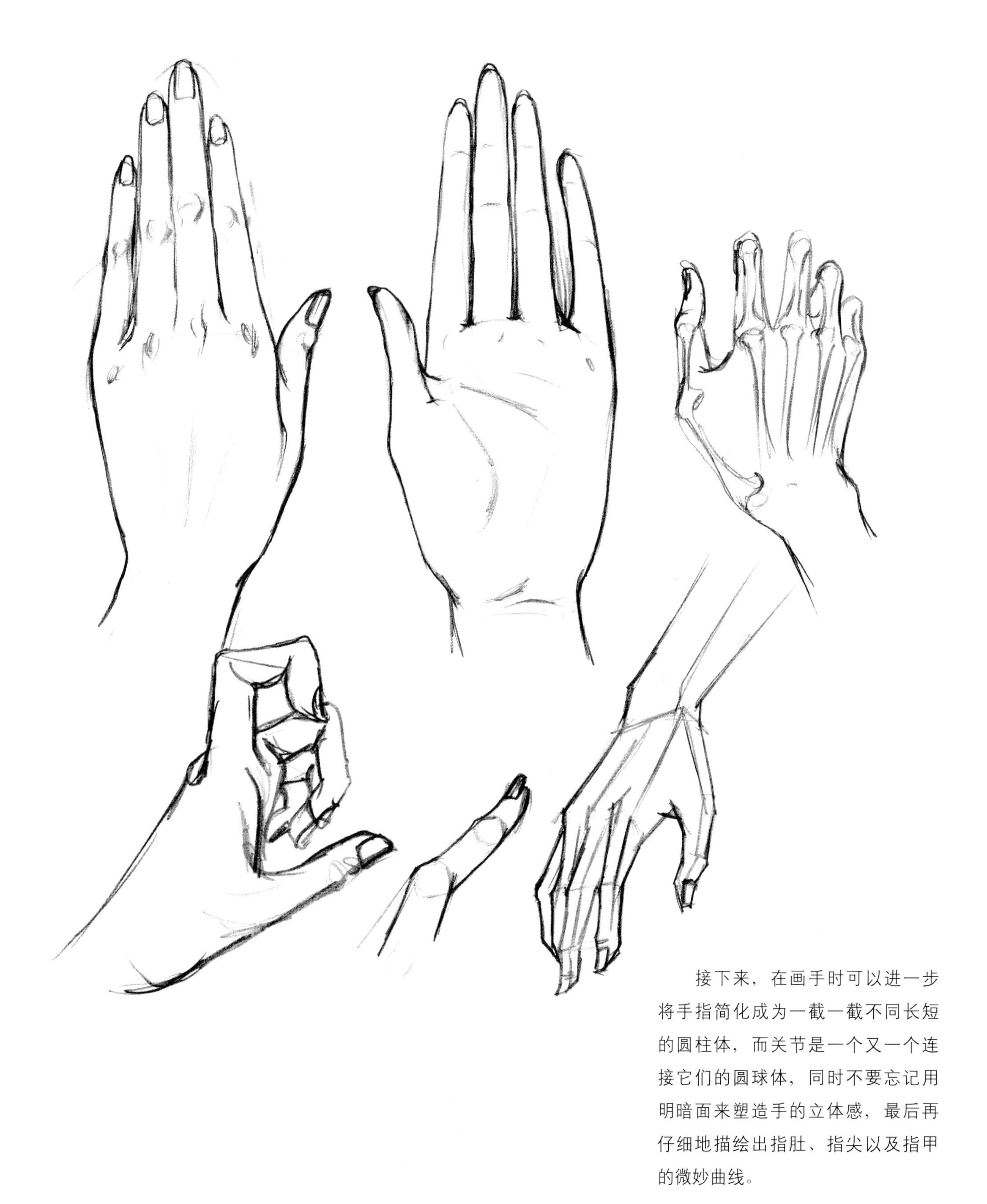

接下来，在画手时可以进一步将手指简化成为一截一截不同长短的圆柱体，而关节是一个又一个连接它们的圆球体，同时不要忘记用明暗面来塑造手的立体感，最后再仔细地描绘出指肚、指尖以及指甲的微妙曲线。

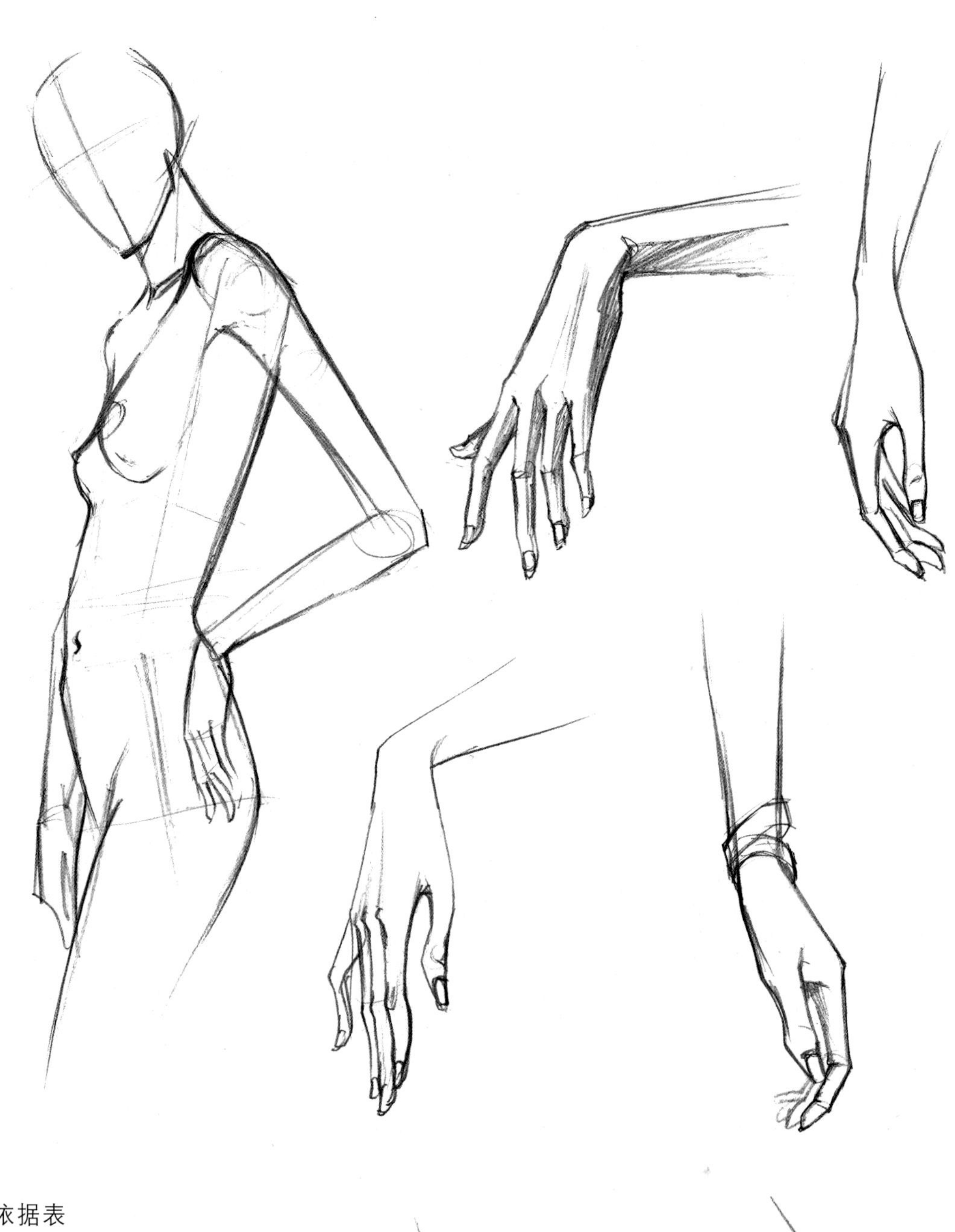

时装画中手的姿态可以依据表现的主题而定，但一般情况下，女性的手部多被处理成纤细、修长和优雅的，而塑造手部“骨感”的关键就是要尽量表现出指关节的隆起和手背上呈放射状的掌骨轮廓。

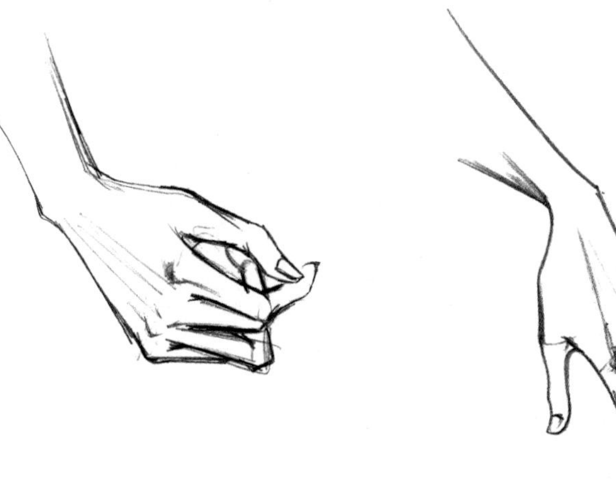

这是一组时装画中常用的自然下垂的手部造型。

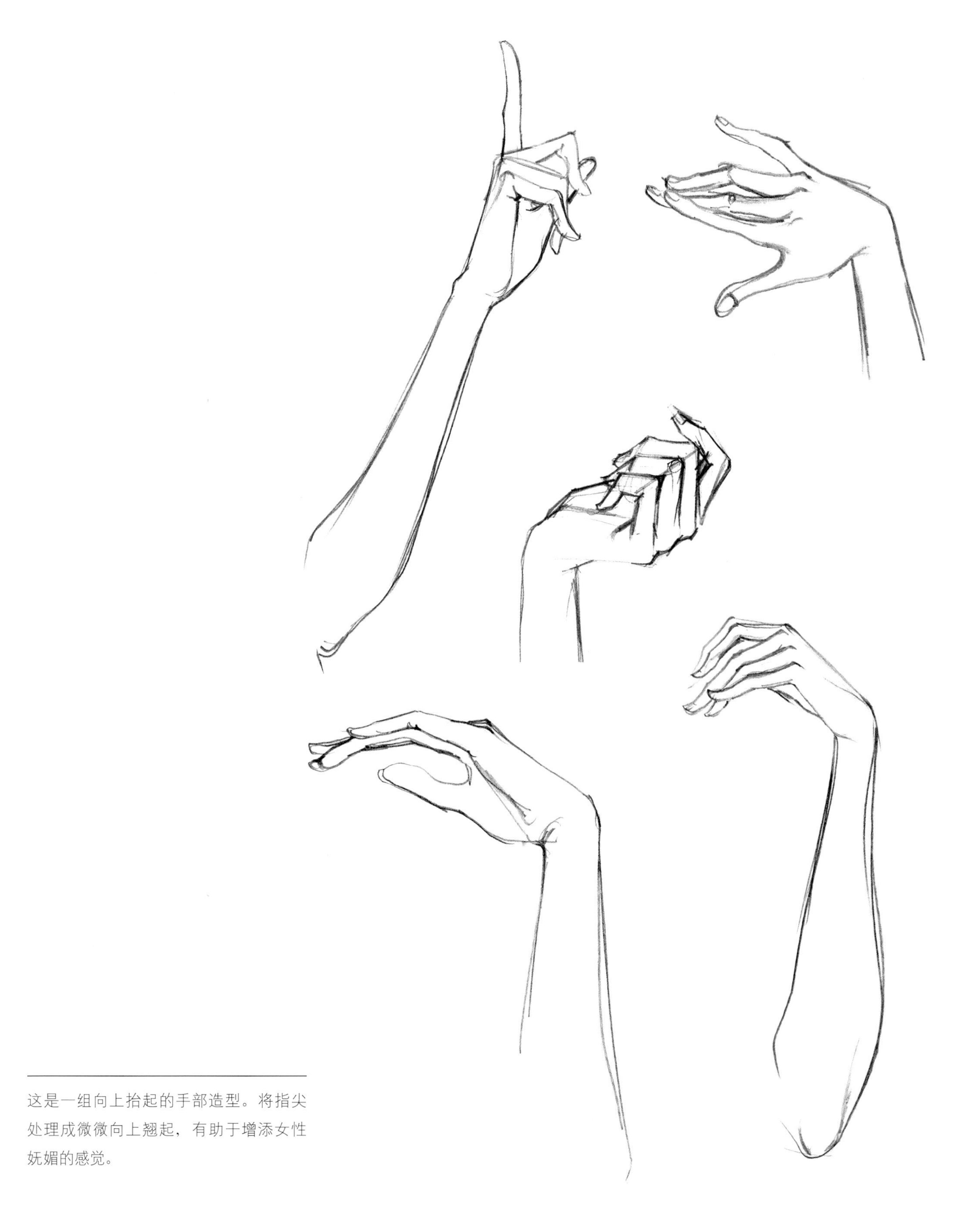

这是一组向上抬起的手部造型。将指尖处理成微微向上翘起，有助于增添女性妩媚的感觉。

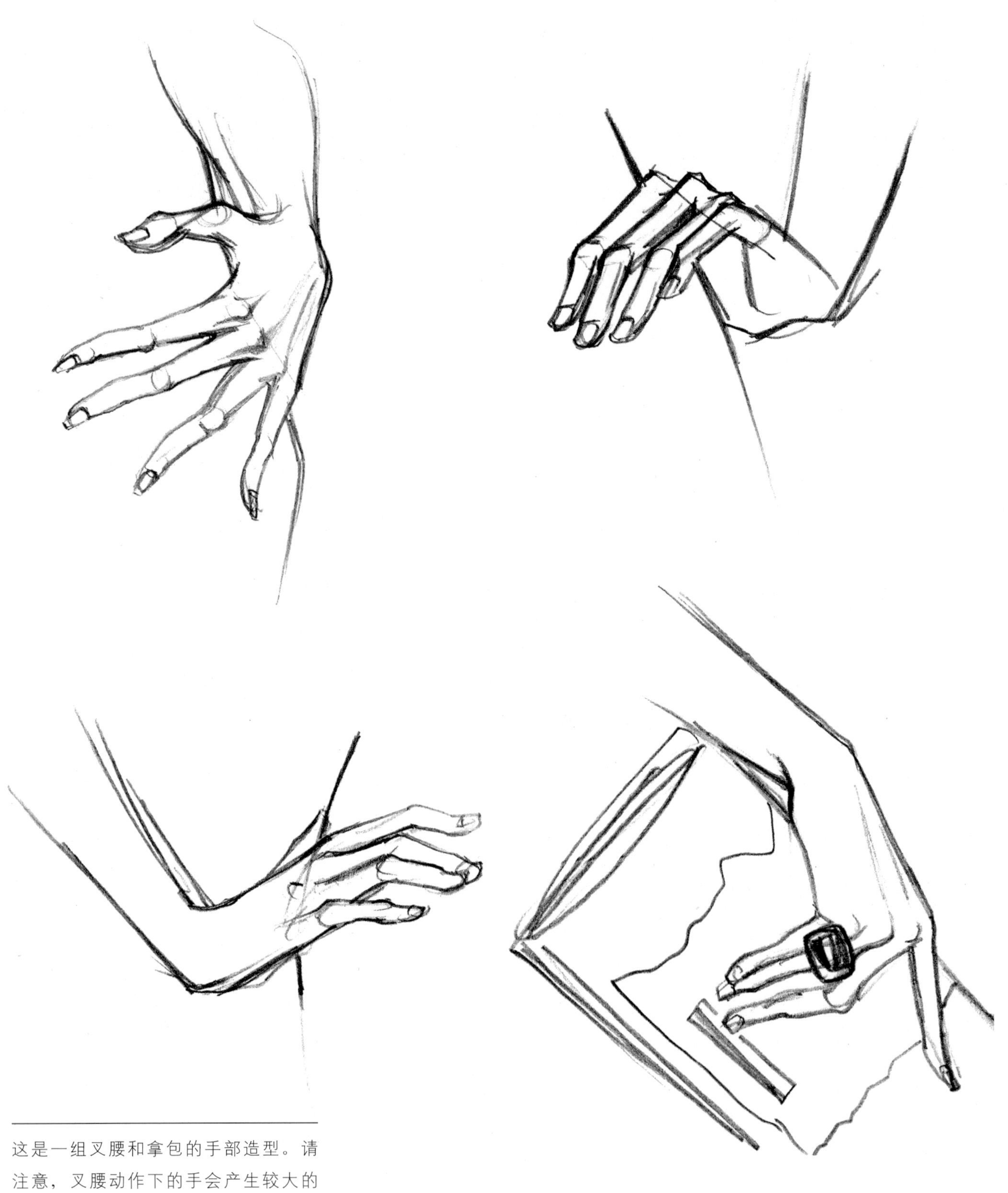

这是一组叉腰和拿包的手部造型。请注意，叉腰动作下的手会产生较大的透视变形，有时甚至会导致手的三个块面中的A或（和）B完全看不见。

3.4 足的描绘

和手的绘画一样，进行足部的描绘时，应当先找到其几何块面的构成，然后再逐步深入细致刻画。

正面的足部由于透视变形的作用，其长度被大大地缩短，空间关系全靠肌肉之间的穿插来体现，在绘画时要特别留意前脚掌与脚弓部分以及脚弓部分与脚后跟部分的前后穿插次序。此外，不要省略掉脚后跟向外突出的部分，因为如果缺少了这一小段隆起的弧线，会使画中的人体有一种站立不稳的感觉。

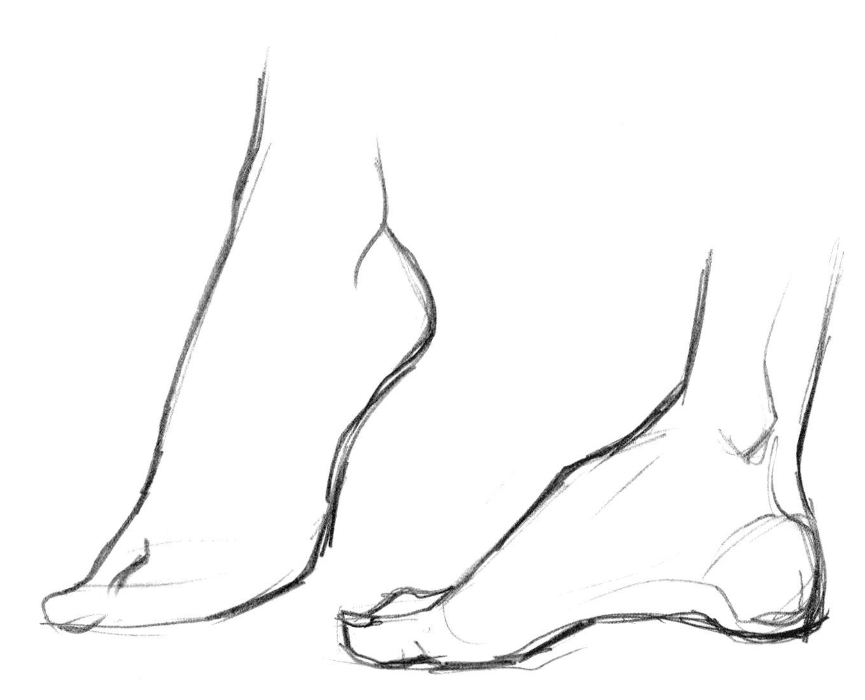

在画穿鞋的脚时，可以先将足部的大致立体轮廓勾画出来，然后顺应不同的块面，将条、带、面等鞋子的零部件附着其上，明暗转折以及透视关系都与足部的结构保持一致，如此一来，鞋子就可以被牢牢地“穿”在脚上了。如果是露趾的款式，最后再将脚趾细致地描绘出来就可以了。在此要特别提示的是，脚趾甲的形状能够很好地体现脚的立体感，因此一定要认真刻画，而不能认为其无足轻重就草率对待。

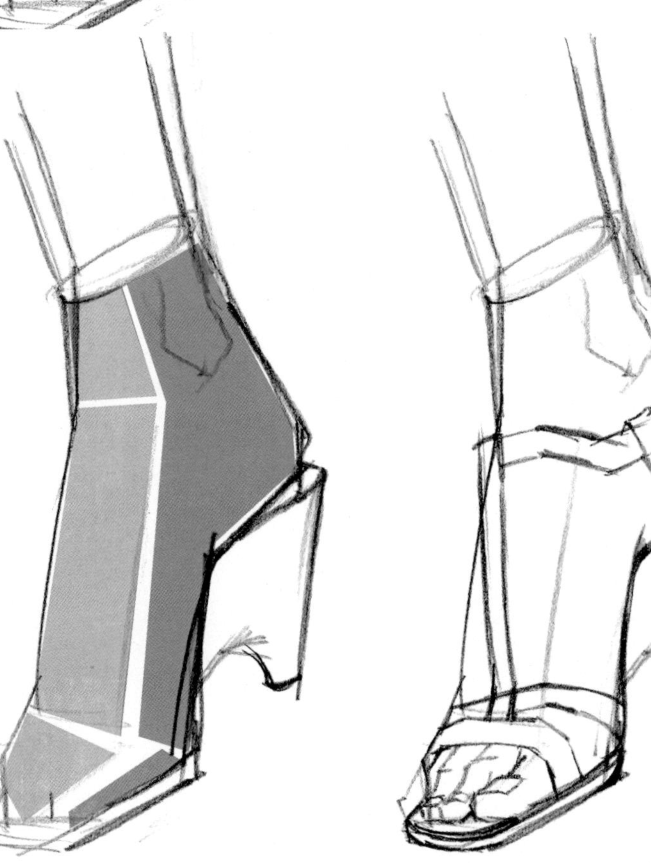

4. 着装人体的速写练习

在掌握了有关于人体的一系列基本造型方法之后，我们可以尝试将服装与人体结合起来的绘画练习，而最好的练习方法就是进行速写训练。速写训练可以在教室、宿舍或者户外的许多地方展开，绘画的对象可以是你的同学、家人、朋友，甚至是公园里的陌生人，而你所需要准备的就是一本速写簿，一支画笔和一双善于观察的眼睛。

4.1 人体节点

准确地表达人体在服装面料覆盖下的关键节点非常重要。打一个比方，服装就像一个帐篷，人的肩、肘、腕、胯、膝、踝等关节凸出部位就是帐篷的支撑点，如果这些节点的分布位置不合理，相互之间的距离过大或者过小，那么最终搭建的“帐篷”就会显得奇形怪状。

圆点处为人体对服装的支撑点，是它们决定了人物整体的外形轮廓。

作者：许渲晗

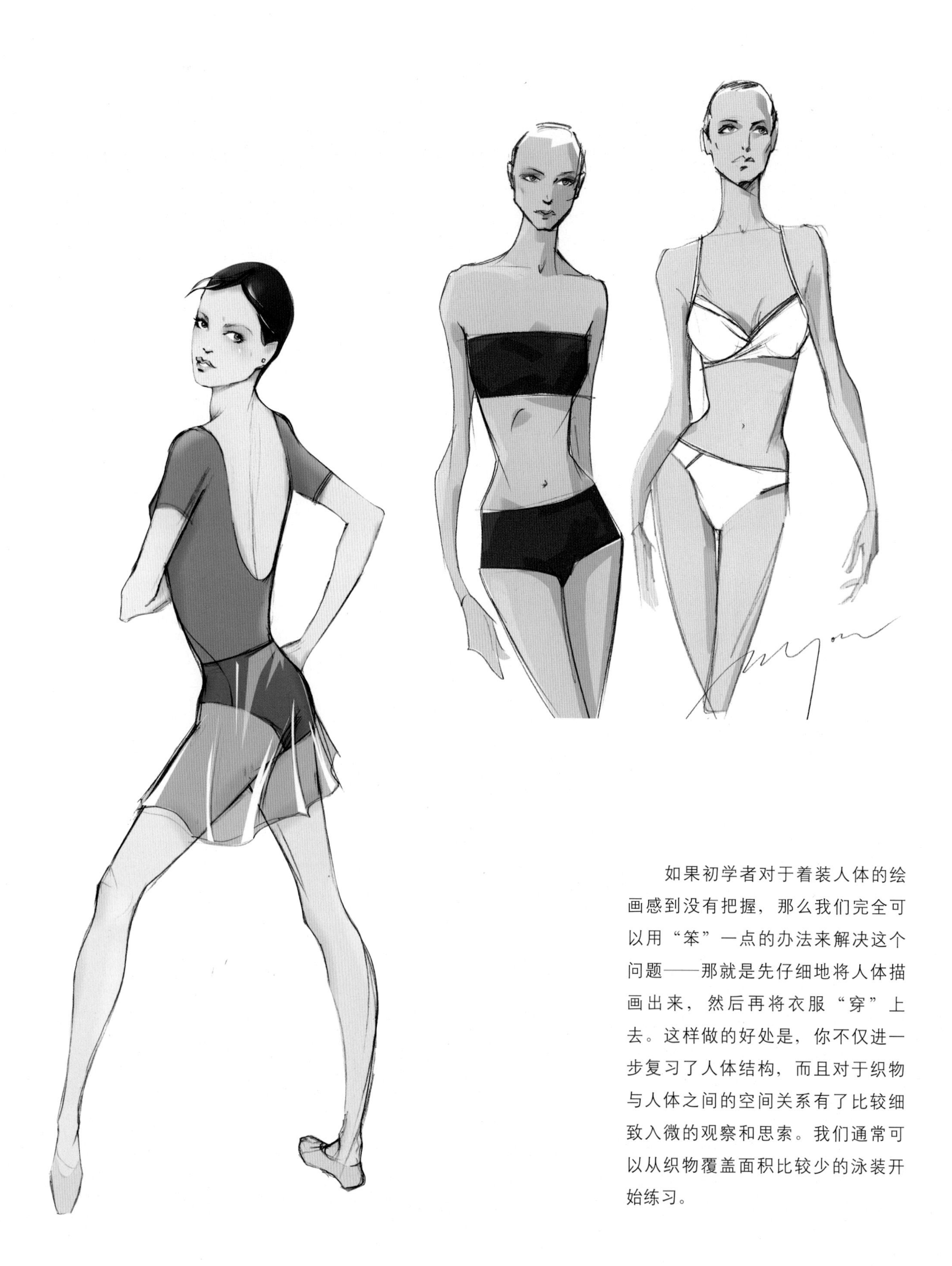

如果初学者对于着装人体的绘画感到没有把握，那么我们完全可以用“笨”一点的办法来解决这个问题——那就是先仔细地将人体描画出来，然后再将衣服“穿”上去。这样做的好处是，你不仅进一步复习了人体结构，而且对于织物与人体之间的空间关系有了比较细致入微的观察和思索。我们通常可以从织物覆盖面积比较少的泳装开始练习。

作者：郑雯心

不要被那些夸张的服装轮廓和繁琐的结构所左右，因为即使再标新立异的设计也需要有一个切实可行的人体作为支撑。因此，绘画者应当练就一双“X光眼”——可以穿透面料和装饰品看到人体最本质的状态，这一点在绘制厚重类服装（例如棉服、羽绒服、大衣等）和艺术化的服装（例如表演类服装）时尤其重要。谨慎地处理人体结构比例和骨骼肌肉的起伏关系，力求下笔的每一个点、每一根线条都符合自然的规律。

日积月累，当你对其中的某几个人体姿态都能够十分熟练地表达时，你就可以将它们固定下来作为以后的设计模版使用了。

4.2 衣褶

在时装画的创作当中，衣褶线是非常具有表现力的元素，其位置的准确度和形状大小都将验证服装与人体之间空间关系的合理性。

当服装穿在人身上之后，就会与人体形成离合变化的空间关系，而这种关系主要是通过衣褶的方向和形状变化来表达给观者的。衣褶的形成有两方面的原因：一是在地心引力的作用下，面料本身产生垂直于地面的褶裥；二是随着人体的运动，服装或是与之贴合或是与之分离，在人体节点之间的面料就形成了皱褶。在绘制人体着装图时应当时刻提醒自己：绝大多数情况下，衣褶的最终形成是由这两种作用力的“合力”所致，而非由单方面的力量所形成，因此在绘画时，很少用绝对水平或是绝对垂直的线条来表现衣褶，而多是使用由一个人体节点指向另一个节点的斜线。

绘画要点：

· 手臂自然下垂时，肩部出现垂挂式的褶线；手臂上抬时，袖子和衣身出现斜向的褶线；

· 人体下肢弯曲时，会出现以膝关节为中心点的放射状褶线，而膝内侧的褶线呈折叠状；

· 柔软面料所形成的衣褶多呈曲线，硬质面料所形成的衣褶多呈折线；

· 两个人体节点之间的面料富余量越大，衣褶的数量也就越多；

· 形体转折处（例如肘弯、腰、膝内侧等部位）的衣褶排列通常要密实一些。

4.3 “时装画式”的速写练习

速写练习对于我们迅速记录飞逝的构想和捕获短暂的创作灵感都是十分必要的。在大量的速写练习当中，不仅能够锻炼绘画者对于形状和体积的塑造，更重要的是可以在不断地尝试和反复修订中逐步发展出适合自己的绘画方式和风格特征。

观察图1～图7可以看到，每位绘画者所运用的线条及影调方式是不尽相同的：有人习惯于运用纤细简洁的白描画法；有人偏好粗重浓厚的影调铺陈；还有人喜欢将二者结合起来进行表现——他们都将影响到日后时装画的创作以及时装设计实践的展开。因此，多做速写练习吧，它会大大地增强你成为一名优秀设计师的自信心!

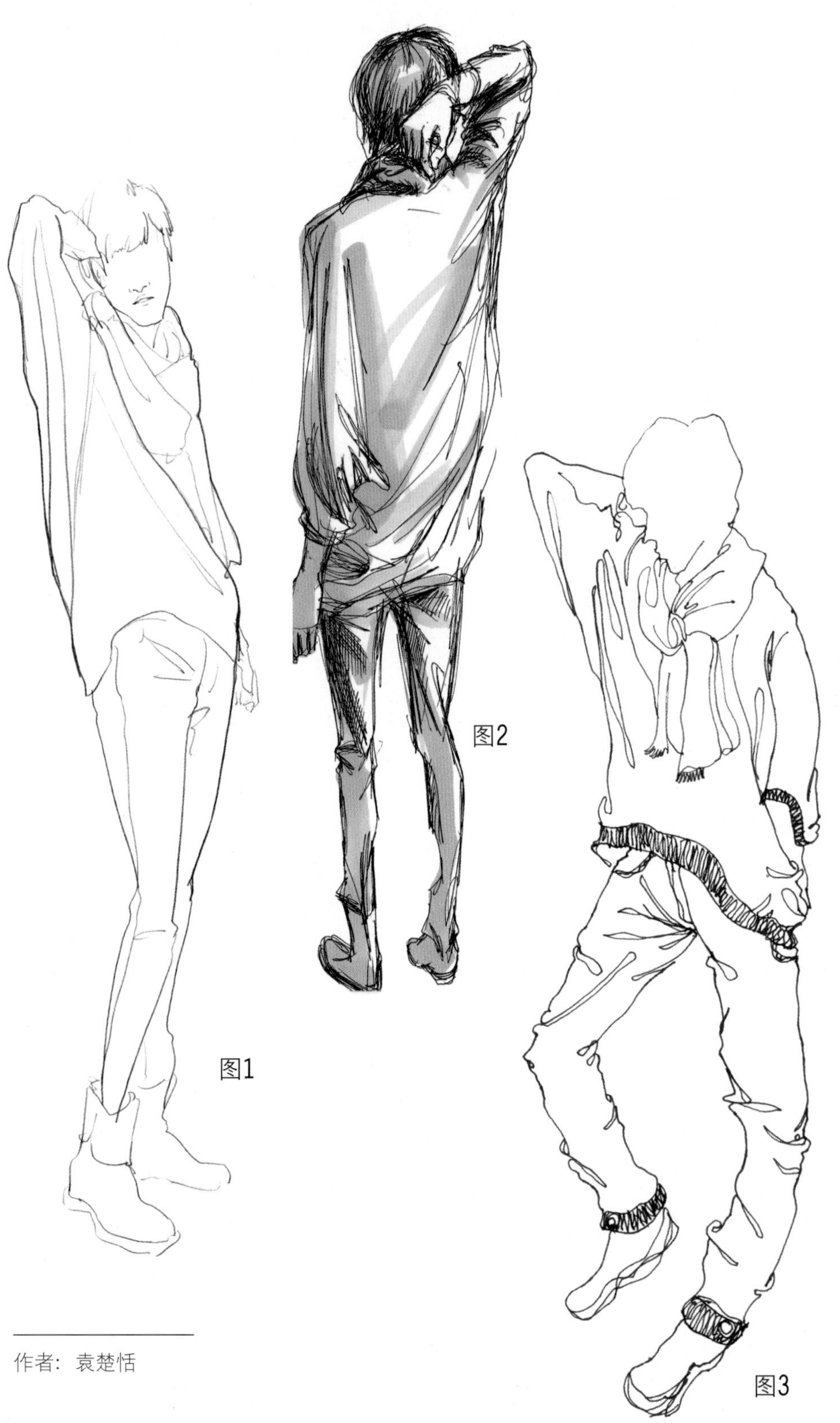

图1

图2

图3

作者：袁楚恬

作者：徐子琛

图4

作者：崔议毛

图5

作者：田国琳

图6

作者：王思语

图7

作者：王天瑶

那么，究竟何谓“时装画式”的速写练习？

简而言之，就是当我们在练习速写时，脑海中本着“理想人体典范”的观念，从而使人物尽量符合时装画的审美需求。例如，我们可以有意识地拉长人体各部分比例（尤其是腿部的线条），或者是利用自己所学到的解剖学知识突显出人物的骨骼轮廓（哪怕对方是个体态丰满的人）以及有重点地突出人物身上令你感兴趣的服饰细节。总之，我们速写练习的目的不是为了真实地再现人物的“形”，而是想要表达出一种理想中的人物姿态和情绪。

图8

作者：李鹏

图9

作者：刘欣慰

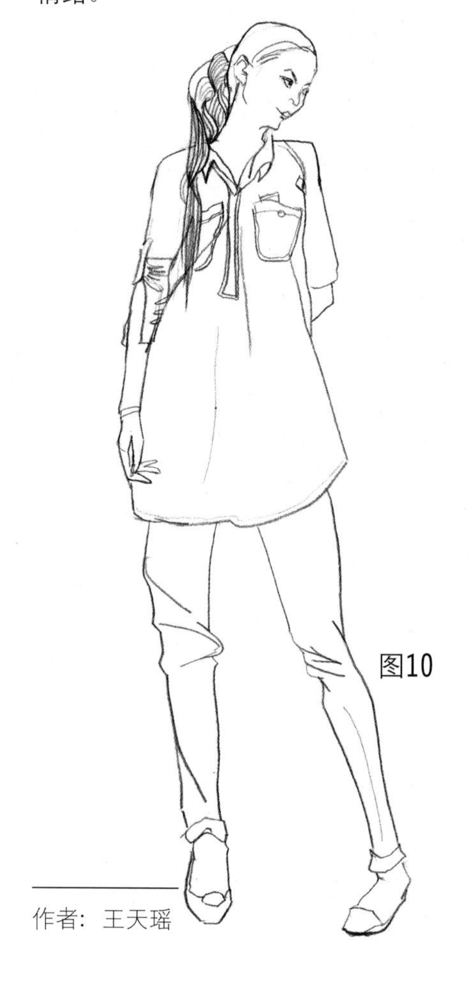

图10

作者：王天瑶

作者：崔议毛

图8～图12是一组人物速写的课堂练习。可以看出图8和图9中的人物被刻画得比较写实，其人体各部分的比例大小和宽窄都与一般常人非常贴近，是我们所熟悉的绘画意义上的速写方法。而图10的作者则有意识地拉长了人体的比例，并将头部和四肢的形状处理得比较纤细，与前二者相比，塑造出了一种更为理想化的体态。图11和图12当中的时装画意味就更加明显了——无论是构图方法还是形的简略与夸张，我们都可以捕捉到一种经过提炼的个人风格特征。图11的作者运用一种酣畅淋漓的线条准确地表现出了服装的褶裥、面料质地、人物情绪等信息；而图12的作者则干脆将对象处理成了一种带有卡通色彩的少女形象。

思考和练习：1. 临摹或者写生各种姿态的人体及人体局部。

2. 在课堂内外进行着装人体速写练习，并选择一个自己满意的动态进行时装画的创作。

3. 课堂小测试：默写各种姿态的人体及人体局部。

第三章 Chapter Three

时装画基本技法 Rudiments of Fashion Drawing

— 课题名称：时装画基本技法

— 课题内容：手绘工具
不同类型服装的手绘要点
数码时装画

— 课题时间：12课时

— 教学目的：使学生能够针对不同的主题使用适宜的绘画工具及技法，了解一般纺织材料在外观及性能上的差别，并且能够在画面上表现出来。

— 教学方式：课堂演示，范例分析，课后练习，课堂讨论。

— 教学要求：1. 使学生熟悉各种手绘工具的基本性能。
2. 使学生掌握不同纺织材料的表现技巧。

— 课前准备：准备不同材质的面料样品和各种类型的绘画材料，以备课堂演示所用。提前预订计算机机房，准备好相应的绘画软件和电子输入设备。

1. 手绘工具

尽管目前许多的专业数码绘画软件都可以模拟出逼真的笔触和色彩，但是如果没有经历过徒手绘画的实践阶段而直接使用数码技术，不仅会使时装画的创作者在造型能力和色彩感觉方面显得薄弱，而且也会由于缺乏对实物材料的客观认知而影响数码技术的创作。因此，画时装画，首先要进行徒手绘画的训练，以熟悉各种绘画材料，掌握绘画技巧。

不同构造、形状和材质的手绘工具造就了不同的艺术风格，也决定着各自所适应的绘画技巧。通过学习和实践，初学者可以了解哪些手绘工具最适合于表现自己的时装画创作。

1.1 画笔

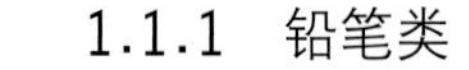

1.1.1 铅笔类

石墨铅笔，是以石墨为主要笔芯原料的铅笔。笔杆部分标有H字样的为硬质铅笔，B则表示软质铅笔。从9B到10H，石墨铅笔共分21个硬度等级，字母前面的数字越大，表明笔芯越硬或越软。根据硬度的不同，笔迹也呈现出浓淡不一的黑灰色。石墨铅笔在绘画中是勾勒轮廓边缘和制造明暗影调的基础工具，在时装画的初稿阶段多用到的是软硬适中的HB或者2B。

彩色铅笔，其笔芯是由含色素的染料混合蜡质媒介（通常为滑石粉、胶黏剂、油脂和蜡等原料）制成的，通常情况下，淡色的笔芯较硬，深色或鲜艳色的较软，这是由笔芯中媒介物含量决定的。由于彩色铅笔所画的线条明确且不易于晕染，其形成的画面效果与那些富于混色变化的绘画工具（如水彩或水粉等）的效果相比略显单薄，因此，彩色铅笔的笔尖最好能够用刀削出不规则的形状（而不是用卷笔刀），这样随着绘画者的手，就能够产生宽窄不一、浓淡有序的线条和块面。水溶性彩铅笔是铅芯中加有水溶性酸染料的彩铅种类，它的笔触沾水后便可像水彩一样溶开。由于其色彩的晕染效果比较浅、弱，再加上通常保留了彩铅笔画的轮廓硬边，因此画面会呈现类似于传统中国工笔画清新淡雅的风格。

炭笔，其铅芯由黏土、木炭粉、炭黑等制成，颜色较铅笔浓重，也有粗、细、软、硬的区分。炭笔中的炭精条（由石墨和炭制成）和木炭条（直接由木条烧制而成）的外层干脆，没有木质的笔杆包裹，而是直接做成圆柱体或是长方体。炭笔有黑色和棕色，其质地普遍比较松软，绘画者可以利用这种特性，通过涂、抹、擦等手法营造出丰富的影调变化。

1.1.2 蜡/粉笔类

蜡笔，是用蜡液和色素染料融合后凝固制成的圆柱状的绘画工具。蜡笔没有渗透性，是靠附着力固定在纸面上，因此用蜡笔作画要尽量避免选择表面过于光滑的纸材（例如铜版纸、卡纸、硫酸纸等）。较强的覆盖力决定了蜡笔不易通过色彩的叠加来求得复合色，但是如果将同一颜色多次反复涂抹能够得到厚实浓郁的效果。不同色彩的蜡笔经过混合、交错，尽管降低了色彩的饱和度，但同时却能够营造出斑驳、朦胧的视觉效果。

油画棒，是用蜡和硬脂酸加入各种色素染料加热浇灌而成，也称“软蜡笔”。它的质地比蜡笔松软，色泽更加鲜艳，铺展性好，叠色、混色性能优异。在绘画时可以用擦拭的方法进行画面渲染，也可以在涂厚的颜料层上用尖硬物刮出花纹。

色粉笔，是一种用颜料粉末混合以一定比例的胶黏剂所制成的干粉笔，一般为8~10cm长的圆柱体或方柱体。色粉笔的颜色非常多样，覆盖力强，松散的粉质笔触很容易用手指进行擦抹，因此可以用于创作色调丰富、过渡细腻、轮廓柔和的画作。但是，较弱的附着力也决定了色粉画不适于选择表面光滑的纸张，并且在完成之后一定要用定画液（现多用喷雾发胶）进行画面的固定保护。

1.1.3 水笔类

钢笔，是一种能储存墨水的硬质笔头的书写和作画工具，其绘制出的线条清晰、简练、流畅，适于用一次性的手法完成。绘画用的钢笔笔尖一般向上弯曲，可以根据运笔角度的不同绘制出粗细变化的线条，在时装画创作中是进行人体速写练习和构思草图的理想工具。

针管笔，可以被视为钢笔的一种变体，它与钢笔的最大不同在于，其笔头是一根可上下活动的细钢针，并且根据钢针的粗细不同，针管笔分为不同的型号。针管笔的色彩（主要为黑、红、蓝、绿）来自于可以替换的油墨笔芯，因此也省去了需要经常灌注墨水的麻烦。针管笔所画的线条均匀，非常适合勾勒轮廓和排列线条。

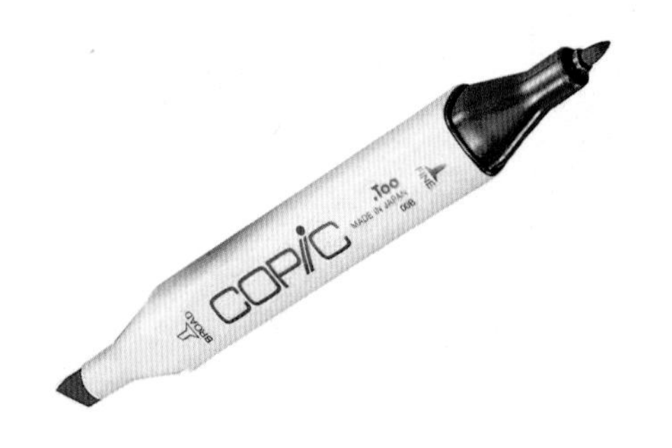

麦克笔，分为水、油性两种。水性麦克笔颜色鲜艳、透明，能表现强烈的光影效果，还可以在颜色湿润时用毛笔蘸水进行渲染（干透以后就具有了耐水性而无法渲染了）。需要注意的是，水性麦克笔会将有些钢笔或针管笔所勾勒的墨线晕染开来（这依据墨水的质量而定），因此建议事先在同类的纸片上试画一下，如果出现洇色状况，则要在麦克笔颜色干透以后再进行墨线的描绘。油性麦克笔由于含有油精成分，因此色彩浓艳、覆盖力强。但是，当用油性麦克笔进行多个颜色的相互叠加时，也一定要保证前一个色层已经干透，否则很容易弄“花”整个画面。麦克笔的笔头有方扁形和圆尖形，可以满足塑造不同线条和轮廓的需求。由于麦克笔有快干、便捷、色泽明快等优点，因此它通常是绝大多数企业设计师手中必备的作画工具。

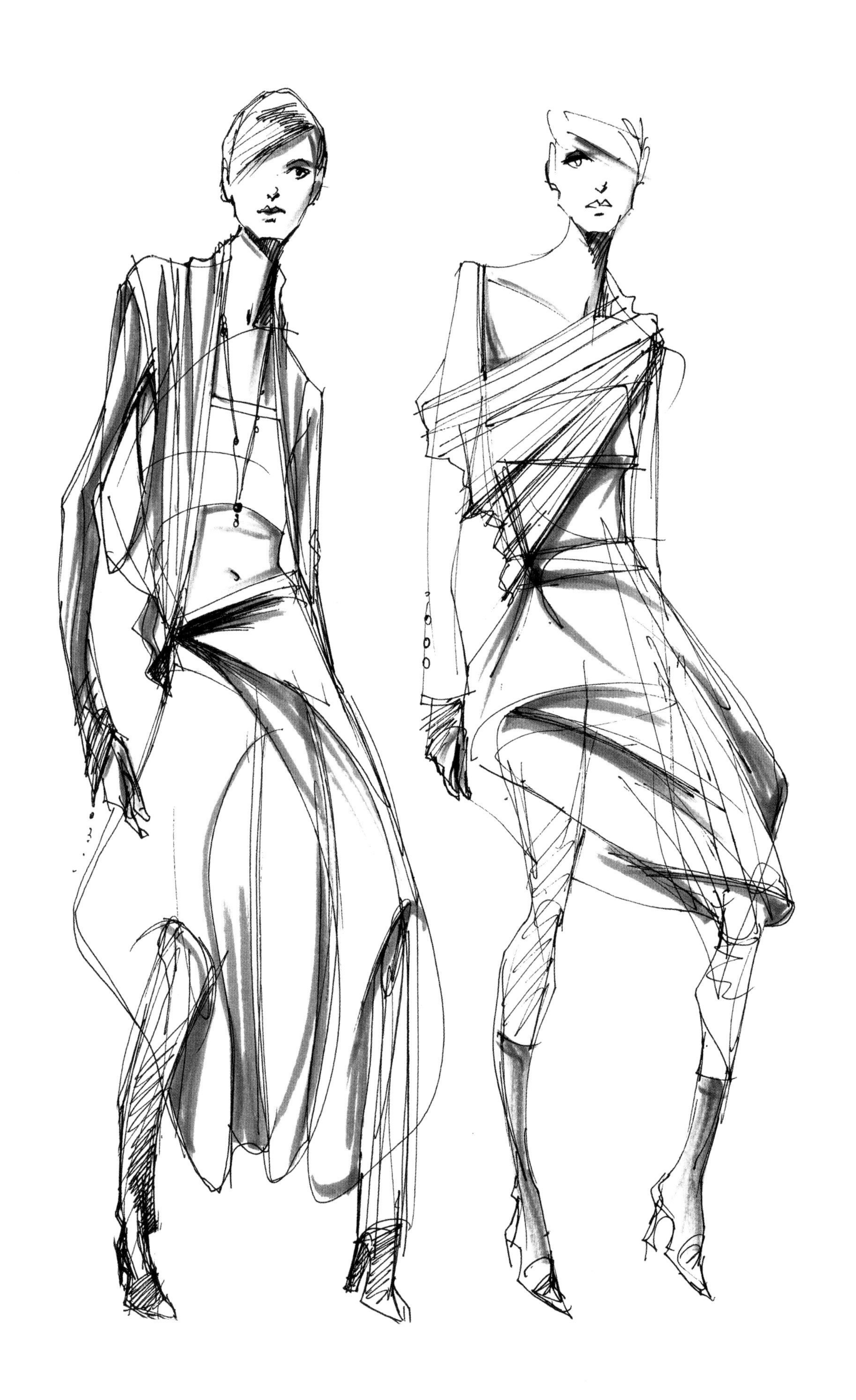

1.1.4 毛笔类

水粉笔，其笔头由动物毛（主要是羊毫和狼毫）或者尼龙材料制成，笔头以扁平形为主，也有扇形，按笔头的大小一般分为12种型号。动物毛制成的水粉笔比较柔软，适合于薄画法和湿画法；而尼龙材料的水粉笔毛质较硬，适于干画法和厚画法。

水彩笔，有些类似于中国的传统毛笔，也有类似水粉笔的扁平笔头。水彩毛笔主要以羊毫和狼毫作为材料，取其良好的柔韧性和吸水性，以满足水彩画薄、清、透的需求。其中羊毫的特点是含水量较大，蘸色较多，可以用来进行较大块面的涂抹；而狼毫含水量较少，但比羊毫的弹性要好，多用来进行勾线、点墨等局部细节的刻画。

排刷，是用动物毛制成的宽扁形的刷子，也有一定的规格之分。其特点是可以进行大面积颜色的涂抹，在时装画中常常用来绘制背景以烘托气氛。同时，它还可以用来进行作画前的裱纸工作。

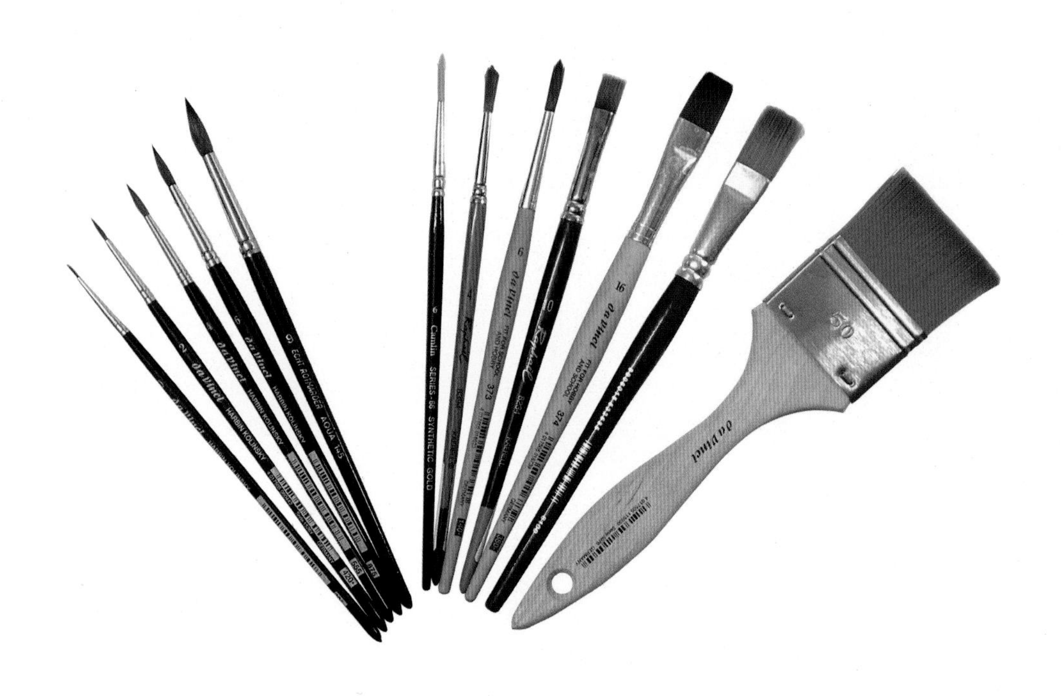

1.2 画纸

—— 素描纸的纹理比一般的复印纸粗糙，表面有微小的颗粒突起，易于表现铅笔、炭笔的笔触和影调变化。它的纸质吸水性较差，遇湿后容易凹凸不平，因此，如果想用水溶性颜料作画，应事先用清水将纸裱在画板上。素描纸有厚薄之分，颜色除了白色外，还有浅灰色。

—— 水粉纸的纸质较厚，吸水性较好，正面一般都有着比较明显的纹理，为的是能够与厚实的水粉颜料结合得更加紧密，同时还可以增加笔触的艺术效果。

—— 水彩纸的吸水性能十分突出，纸面纤维（主要为棉或麻）强韧，因此不会轻易在水和笔刷的作用下出现破裂、起绒的现象。水彩纸有厚薄、粗细之分，其中手工制作的水彩纸十分昂贵。

—— 色粉纸是一种经特殊工艺热压而成的带有颜色的绘画用纸，其表面涂层十分坚固，因此纸张不易褪色，同时表面有均匀凹凸的纹理，可吸附细小的色粉颗粒。在时装画的创作中，可以充分利用纸张本身的颜色来进行风格的渲染。

—— 卡纸是一种用化学制浆方法制造的坚挺厚实的纸，一般定量在150g/m^{2}或以上。卡纸的特征是质地光洁、挺括度好，但吸水性差。白卡纸是最常见的卡纸，如果上色，依色泽（例如灰、黑等）称为色卡纸。卡纸一般不用来直接作画，而多是作为托裱使用。

— 书写纸包括了白报纸、复印纸等日常生活中最为常用的一类纸，其质地平滑轻盈，不同克重的纸之间密度差别较大，纸色或为纯白，或略带黄色。绘画用的速写簿多由书写纸制成，适于用铅笔、钢笔或麦克笔绘画，是记录图形、展现设计构思的基本工具。

— 拷贝纸是一种覆盖在文本、图画上用于进行拓描、复制用的薄透型纸张。拷贝纸的质感轻盈，表面细腻、平整，透明度很高；有一种稍厚一些的半透明工程用描图纸也可以作拷贝之用。目前，许多绘图者以廉价的薄页纸来取代拷贝纸的做法实则是不恰当的，因为在时装画的创作中，将草稿拓画到正式的画纸上其实是很重要的步骤，由于要经受反复的笔尖描摹和橡皮擦拭，拷贝纸需要具有良好的物理强度，而脆弱的薄页纸通常会被笔尖戳破而在正式稿上留下污浊的痕迹，从而影响整个作品的完美。

作者：栾远美

— 特种纸是将不同的纸浆纤维配合以不同的加工工艺所制成的具有特殊机能的纸张，由于其品种非常多样，因此其化学、物理性能也大相径庭。适用于绘画的特种纸是那些常用于书刊印刷的特别用纸，例如刚古纸、蒙肯纸、花色宣纸等，它们往往具有十分特殊的纹理和色泽，因此也是表现时装画很好的媒介。一般情况下，它们适合于铅笔、水笔和毛笔等大多数画笔的运用。

1.3 其他常用的辅助工具

— 画板是用于绘画的特制木板，有大、中、小号之分。作画时可以用图钉或者糊裱的方法将画纸固定在其上，并依据绘画者的需要和习惯将画板放置成任意的角度进行作画。

— 颜料盒和调色板是在用水粉或水彩颜料作画时必须使用到的美术用具，作用是存放颜料和进行色彩的调制。颜料盒内要保持潮湿，用画笔蘸颜料时应尽量不要让颜色混淆在一起。另外，调色板要时常冲洗干净，不要让干的颜料层层堆积。

— 橡皮是用天然橡胶或者合成橡胶制成的文具，软硬度相差较大，能擦掉铅笔或者颜料的痕迹。在许多时候，橡皮的擦拭也能够起到类似“画笔”的作用，它既可以调节影调的浓淡变化，也可以制造漂亮的笔触。根据需要，有时可以把橡皮用刀削成合适的形状来使用。

— 度量尺依据形状的不同分为直尺、三角尺和曲线尺。一方面，它们在构图时起到坐标定位的作用；另一方面，在绘画过程中可以辅助画出笔直的线条或是饱满的曲线。

— 美工刀是抽拉式结构的美术用具，由塑料刀身和可以更换的金属刀片组成。美工刀在时装绘画中的主要作用是裁切画纸和削铅笔。

— 胶带包括各种宽度和材质的文具胶带、封箱胶带、双面胶带。除了固定画纸和装裱作品以外，胶带有时也能够帮助绘画者实现艺术构想，例如，一种可重复粘贴的纸胶带可以事先将画面的某些部位遮挡起来，涂色完毕后再揭去则可以得到某种特殊的图案。

除了以上常见的工具种类以外，在时装画的创作中还会用到的日常工具有剪刀、夹子、图钉、乳白胶、洗笔桶、吸水布等。当然，对于一个具有探索精神的创作者来说，绘画所用的工具通常是不拘一格的，生活日用品（例如牙刷、汤匙等）、报刊书籍、自然材料（例如花草、羽毛、沙石）等都可以用来当成作画的工具或素材。

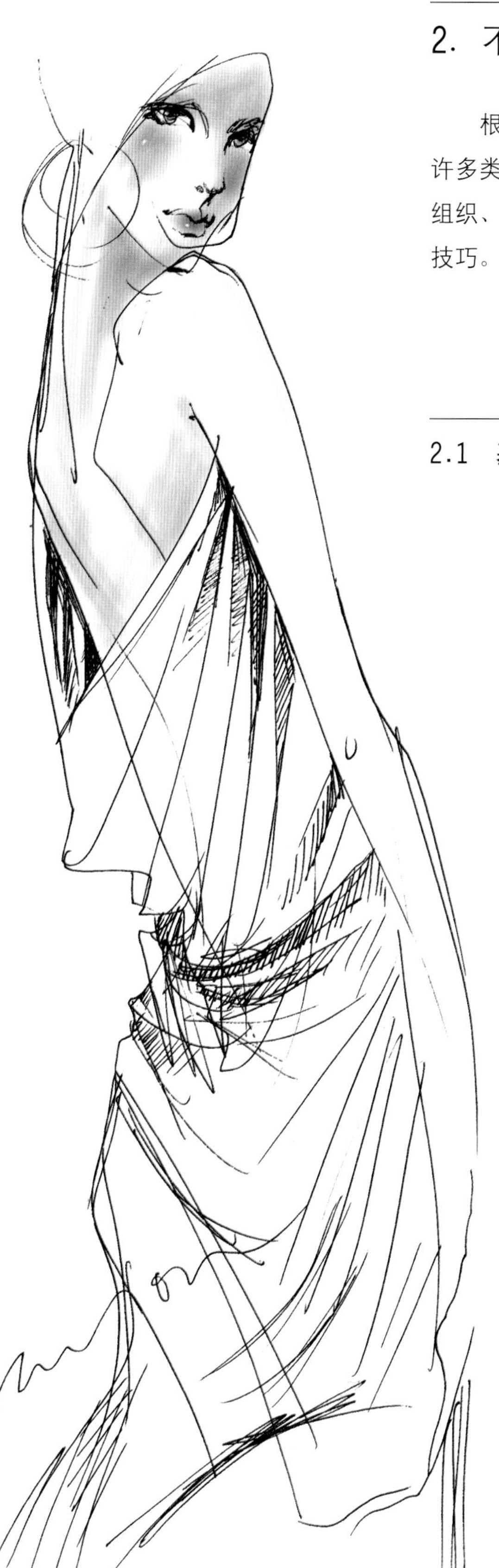

2. 不同类型服装的手绘要点

根据服装的社会用途、加工材料或着装者的生理状态，服装可以被划分成许多类型，当它与人体结合时也会呈现出多样的姿态。那么，如何运用画笔来组织、表现这些由不同元素构成的时装画呢？首先需要掌握以下的一些概念和技巧。

2.1 基本的绘画技法

2.1.1 线描

线是“面”的边界，线的粗细、宽窄、强弱、弯直、疏密、浓淡都可以让人产生对“面”的联想，从而进一步感受到体积的存在。用于时装画创作的线描主要有以下两种:

— 匀线

匀线是指在运笔时，笔尖上的压力一直保持均衡，因此线条没有宽窄和浓淡的变化。此种笔触通常用来勾画图形的轮廓和处理明暗影调的排线。

在时装画中，匀线的运用十分普遍，它简洁、平实的特征有利于清楚地交代服装的分割比例以及结构关系。一般来说，细匀线适合于表示轻薄、细腻的质感，而粗匀线则适合表示厚重、粗犷的材质。在服装的不同部位分别使用不同粗细、长短、形状和密度的匀线也可以使画面显得十分生动。

适合描绘匀线的工具有：硬芯铅笔、炭铅笔、尖头钢笔、针管笔、麦克笔、描线毛笔。

作者：刘晶晶

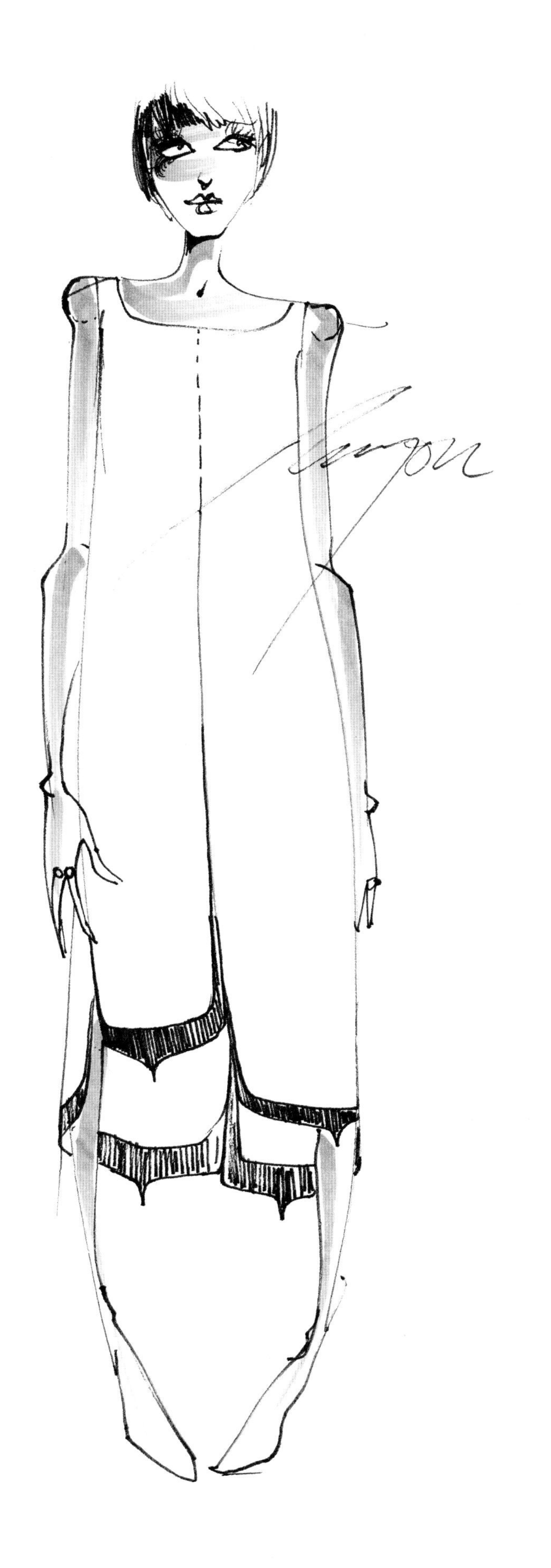

— 变化线

变化线是指通过对笔尖实施不同的压力而使线条产生宽窄、形状和浓淡上的变化，再配合以不同类型的画笔特性，便可形成极其丰富的形态样式。

在时装画中，一根变化的墨线往往传达出服装的诸多构成信息，例如，细而弱的线条部分表示这一服装局部是薄透、柔软、松动的，或者刚好处在光照面；粗而重的线条部分则表示这一服装局部是厚实、沉重、硬朗的，或正好处于阴暗面。变化线是一种非常能够体现个人风格的绘画线条，因为那些浓淡不一、张弛有道、抑扬顿挫的线条不仅体现了服装材质的特征，同时也能够反映绘画者在创作时赋予画笔的力量和速度，从而反映他们的情感和思绪。

适合描绘变化线的工具有：软芯铅笔、炭精条或木炭条、弯头钢笔、麦克笔（一般使用方扁的笔头）、各类毛笔。

作者：郑雯心

2.1.2 着色

通过增添颜色，人们可以塑造出更加真实和完美的视觉对象，从而向外界传递更为具体有效的信息。与传统绘画的用色相比，时装画的色彩往往带有绘画者强烈的主观意念和高度概括的特点，因此色彩的运用通常显得单纯化和平面化。

— 平涂

平涂就是将颜色均匀地涂在画纸上，尽量不表现出色块的肌理变化，它强调画面的单纯和稳定，是一种简洁、明快的着色方法。通过平涂色块的形状变化以及不同色块之间的冷暖、明暗和饱和度对比，也能够使画面产生出三维空间感。在时装绘画里，平涂往往与线描结合在一起，在整体上给人以结构清晰、色彩明朗的视觉印象。

适合平涂的工具有：彩色铅笔、麦克笔、水粉颜料、水彩颜料。

— 渲染

渲染着色是用多层次的笔触来表现对象的色彩和明暗关系，它能够更加深入地刻画对象，真实地反映物体的空间关系、结构特征、质量体积、细节特色等。常用的渲染笔法有刷、勾、点、按、扫、拖、揉等，丰富的笔触能够塑造出复杂多样的画面效果，适合于表现不同需求的时装设计主题。对一些颜料来说，在渲染中对于水的控制技巧是关键——颜色的渐变、过渡和融合都是通过颜料与水的比例变化，以及绘画者施与笔尖的压力变化来完成的，绘画者可以在绘制过程中增、减画笔的含水量，也可以尝试在着色前先用清水湿润纸张。

作者：吴炜

适合渲染的工具有：彩色铅笔、油画棒、色粉笔、麦克笔、水墨、水粉颜料、水彩颜料。

2.1.3 综合技法

综合技法是指通过特殊的用色技巧以及将不同材质的绘画工具进行混合搭配，从而创作出生动、丰富的时装画效果。这是一个充分发挥想象力的环节，绘画者可以借助于滴、吹、印、擦、刮等多种方法使颜料在纸上生成充满偶然性的形状和纹理，非常有助于表现毛纺、立绒、皮草、针织、斜纹布、蜡/扎染布、网眼布、皱褶布等各种不同材质的纺织面料，也能增添整个画面自然灵动的气息。需要注意的是，在绘制时一定要控制好图形轮廓的边界——因为时装画毕竟是以探究人体与服装间的关系为诉求重点的绘画，因此不要因为太过追求画面的风格化效果而使主体淹没于各种复杂的图案肌理当中，在具体操作时可以将不需要进行特殊处理的区域暂时遮盖或者隔离起来。

作者：郭画（手绘+材料剪贴）

— 滴流法

滴流法是将颜料从一定的高度滴落到纸面上，然后轻轻地晃动纸面，利用颜料液体重力的大小、滚动的轨迹以及颜料与纸张的融合速度，产生多变的图案效果。

— 水油分离法

从本章第一节的内容中，我们已经了解到绘画颜料是由多种矿物质和化学原料混合制成的。在这些原料之中，有一些是亲水性的，例如水溶性彩铅、水粉或水彩颜料等；另一些则是拒水性的，例如蜡笔、油化棒、色粉笔等。水油分离法就是利用颜料的这种性能差别所产生的排斥反应而得到色彩斑驳的视觉效果，尤其适用于对蓝印花布、蜡染面料以及镂空面料等的表现。

—— 拓印法

拓印的方法主要有三种：一是将画纸覆盖在表面凹凸不平的物体上（例如木刻模板、金属丝网、粗麻片等），然后用平涂上色的方法进行纹理的拓印；二是先将颜料液体放置在纸面上，然后用其他材料（例如表面光滑的塑料片、玻璃片等）压在其上，平面之间挤压不均匀的空气使颜料在画纸上产生变幻莫测的纹样；三是类似于印章的盖印效果，即用一定形状的物体蘸上颜料，然后在画纸上进行压印，图案可以规则排列，也可以随意性地纵横交错。

—— 吹色法

吹色法是通过吹的方法给颜料液体施以不同方向和力度的压力，使其产生浓淡不一、形状变化多端的渲染及渗透效果。

—— 擦刮法

擦刮法是用小刀、木片或毛衣针等尖端锐利的工具在厚涂的颜料层上面通过摩擦或是刮除的方法塑造肌理效果，而改变擦痕的形状和刮痕的深浅可以制造出丰富的笔触，尤其适用于蜡笔、油画棒所绘制的图形。

—— 剪贴法

剪贴法是将纺织材料、色纸、印刷品等按照画面内容进行剪贴。过去常常通过这种方法预览面料运用的整体效果，但随着电脑绘图技术的发展，目前在时装画创作中已经比较少用——除非是绘画者为了刻意地追求某种拙朴的效果而为之。

2.2 材质的表现

绘制出正确的人体结构以及恰当的衣褶纹路之后，绘画者下一步应当掌握如何运用技法来展现不同的材料质感。在时装画中，对于质感表现的重视有时是出于绘画者对材质美的追求，有时也是出于设计师在生产过程中明确传达产品信息的需要。

时装画里所表现的材质主要集中在厚薄、软硬、悬垂性、色泽度、表面肌理和图案等视觉元素方面。以下介绍的是几种在视觉效果上差距较大的常见材质的表现方法。

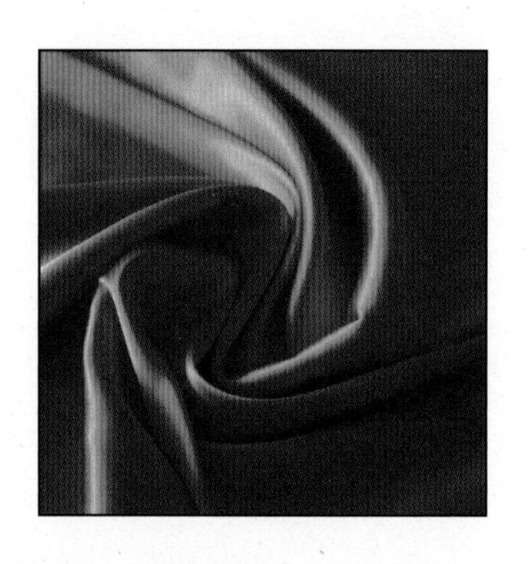

2.2.1 绸缎类

视觉感受	相应的绘画要点
薄	人体轮廓的起伏明显，节点定位严格，在面料紧贴人体的部分几乎完全就是人体曲线的展现；宜用纤细的笔触
柔软	以曲线表现为主，衣褶的数量较多
悬垂性很好	长而连续的线条，运笔的流畅十分关键
色泽明亮	色彩简洁、透明，宜用“线描＋淡彩渲染”的技法处理
表面光滑	笔触简练、松快、流动感强；强调人体转折处的明暗交界线；越是光滑的面料其高光部位也就越多，受环境色的影响也就越明显，可以在一些边缘的位置用醒目的颜色来表现
图案细腻	图案应当顺应面料的起伏进行形状和色彩上的调整，宜用较细的画笔勾描

图2

作者：王颖

图1

作者：霍伟微

图3

作者：叶子

根据织物组织、经纬线组合、加工工艺的不同，丝绸可以分为十余个品种，不同类型丝织物之间的物理性能和外观效果都存在着一定的区别，因此，绘画者在掌握了丝绸面料的基本表现技法以后，还应当积极地进一步尝试不同类型丝绸服装的绘制。

在表现纺、锦、葛、绨、绢等质地细密、平整、挺括的织物时，适宜采用长直弧线和短折线作为主要的线条，其明暗交界线十分明显，高光部位也很突出(图1)。

在表现缎、绉、罗、绸等质地柔软、富有弹性的织物时，适宜采用圆润的曲线，面料所形成的褶裥和凹陷也少有僵直、尖锐的形状，明暗过渡比较柔和（图2）。

在表现纱、绫、绡等质地轻薄、透气的丝绸材质时，一定要从面料的形态和色彩上体现出其轻盈、透光的特色，因此可用水彩薄画法或是用彩色铅笔进行细致的描绘以达到比较好的效果（图3）。也可以参考后文“纱类”的绘画要点。

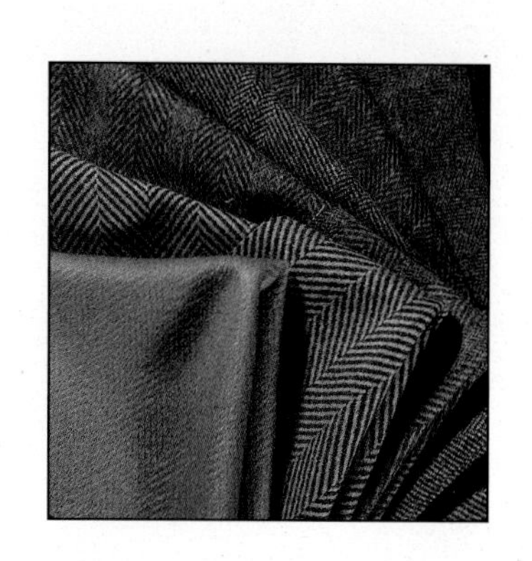

2.2.2 毛纺类

视觉感受	相应的绘画要点
厚实	以展现服装的外形轮廓为主，在服装结构的转折处尽量用方钝角或者圆弧来表现面料的厚度
硬朗	以弧线和折线来展示服装挺括的感觉，衣褶的数量较少
悬垂性较差	服装的外部轮廓对人体结构的覆盖性较强；面料在人体上的起伏缓和，常借助于较大面积的色块来塑造立体感
色泽柔和	色彩柔和，过渡细腻；适合于厚画法
表面粗涩、蓬松	先以较大块面的色彩平涂或者渲染出明暗关系，然后用较细的画笔将秩序感很强的纹理勾画在上面，不要忘记顺应面料的起伏转折进行线条排列方向和颜色深浅的调整；也可以利用综合技法来刻画毛纺面料的质感
图案粗犷	毛纺面料的图案一般就是指其纹理样式，例如方格呢、粗花呢、人字呢等，在绘画中可以放大纹理的尺寸，而无须严格地拷贝图案与服装的实际比例关系

作者：张西松

作者：洪沛

2.2.3 棉织类

视觉感受	相应的绘画要点
薄厚适中	对薄型棉布（例如细平布、府绸等）服装，要强调人体轮廓的起伏以及面料与人体之间“紧贴”或“分离”的状态来刻画；中厚型棉布（例如卡其、哔叽等）服装要注意人体节点定位的准确性
软硬差异较大	薄型棉布较易形成皱褶，但其褶裥较丝绸类面料挺括，故线条不宜处理得过于弯曲和密集；厚软型棉料服装的皱褶稀疏，衣褶线显得十分圆润，在服装结构的转折处尽量避免出现锐利的尖角；而对于一些硬质棉布则应当用干净利落的直线或者折线表现
悬垂性差异较大	不同种类棉织材料的悬垂性有着较大的差异：有些棉布即使很薄也有挺括的外表（例如市布、泡泡纱等），因此硬朗的服装外形轮廓会部分掩盖住人体曲线；而有些棉布即使很厚也有着较好的悬垂感（例如直贡呢、绒布等），因此在处理服装的外形轮廓时，要注意表现面料掩盖下人体曲线的微妙起伏
色泽丰富	色彩种类和光泽度多样，绘画者可以利用不同的绘画工具和技巧进行尝试
表面匀净	一般的棉布表面光洁、结构紧密，因此多用“线描＋渲染”的技法表现；而对于一些表面肌理明显的棉织物（例如灯芯绒、牛仔布等）就要用到综合技法中的拓印法、水油分离法、擦刮法等技巧来进行纹理的深入刻画
图案多样化	印花棉布的图案极其丰富，在绘制较小花型时，要注意图案分布的均匀性，尤其在转折的部位，也一定要把不完整的花型描绘出来；对较大花型或是条、格纹样不能简单地进行平面化处理，而是要准确地表达出它们在服装不同部位的形状透视变化以及明暗色调变化，否则会显得图案与服装之间脱节，在视觉上缺乏真实感

作者：陈丽莎

表现棉格（条）布时，首先用较大块面的笔触绘制出服装褶裥的明暗关系，然后用铅笔淡淡地勾勒出基本图案的纵向及横向线条，其中要特别注意线条在面料表面所形成的起伏转折和疏密对比。最后在铅笔稿的基础上用颜色描绘出格（条）图案，此时也要考虑，处于不同明暗部位的图案有深浅和冷暖变化。总之，绘画者在绘制此类面料时，宜层层设色，逐步深入。

作者：付元丽

作者：吕晶

作者：赵乃璇

作者：刘丽

表现花布时，其绘画步骤与棉格（条）布的表现相似，也是先要确定出服装整体的明暗关系，然后用铅笔浅浅地描绘出图案的分布轨迹。如果图案的排列具有一定的节奏规律，那么绘画者最好首先归纳出每一组单元的基本构成元素，然后再一组一组地进行描绘。同时，也要注意图案随面料表面起伏时的方向改变和图形交叠，越是大型的图案，越是要注意透视变形所带来的形状变化。总之，要让图案显得像牢牢地“吸附”在面料表面，而不是平面地悬浮在空中。

作者：鞠宜杉

作者：刘萌

2.2.4 针织类

视觉感受	相应的绘画要点
薄厚差异较大	薄型针织衫紧贴人体，因此要详尽地描绘出人体结构的起伏转折；厚型针织衫自身的廓型比较明显，但同时也十分贴合人体，因此要结合双方面的因素来描绘服装线条的微妙起伏
柔软、弹性好	衣褶线圆润，但排列不会太过密集，在结构的转折处要避免出现硬朗、锐利的方尖形笔触
悬垂性一般	针织面料的伸缩性使针织服装通常被设计成紧身的样式（即样板尺码的松量很小甚至为负数），因此针织服装的垂坠感只要用少量的衣褶弧线或是明暗影调表示即可
色泽柔和	色彩丰富，光泽柔和；用花式线编织的针织面料色彩纷杂斑驳，适合用点彩法或综合技法着色
编织纹理多样化	常见的织纹有麦穗状、波纹状、鱼骨状、棱条状、“8”字扭纹状等，绘画者可以用“淡彩＋线描”的方法描绘纹样；也可以用高度概括的直线或者曲线的排列表示针织衫整体的纹理和走势，而不必描绘出具体的花纹单元；笔触的粗细、涩滑、疏密都能够很好地体现出针织纱线的本质特色
图案丰富	以几何形状的图案为主，花型比较醒目，色彩组合复杂，因此在绘画时要注意图案方向和排列以及颜色的连贯性

作者：王晓茜

钩针编织的粗绒线裙

作者：赵乃璇

2.2.5 皮革类

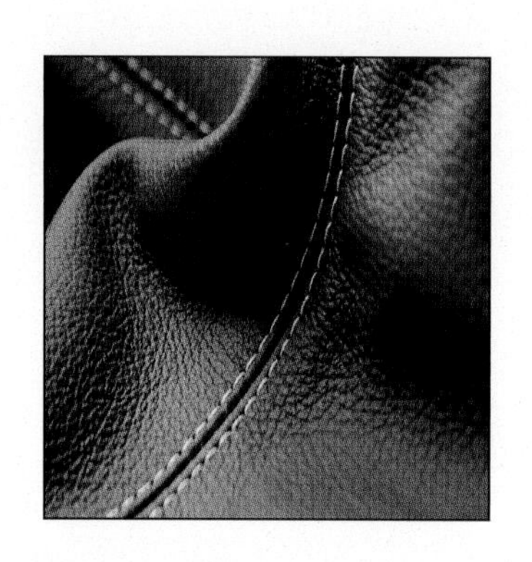

视觉感受	相应的绘画要点
薄厚差异较大	常见皮革中，绵羊皮、小牛皮较薄，黄牛皮、猪皮的厚度适中，水牛皮、鸵鸟皮、鳄鱼皮则十分坚实，绘画时要根据不同的皮革种类调整笔触的软硬和线条的粗细
硬朗	皮革面料整体感觉硬朗，但柔韧度好、弹性十足，因此衣褶的形状十分明显，衣褶线富含张力
悬垂性普遍较差	因为服装样板经常被设计为松量有限的样式，因此大多数的皮革服装本身几乎没有因重力作用而形成的褶皱，形成衣纹多是由于人体运动而产生的动势线，因此用快速而有力的简洁线条表示即可；比较例外的是那些用绵羊皮制成的服装，有的悬垂性类似于丝绸材质，因此绵长而弯曲的衣褶线也会出现
色泽光亮	色彩洗练、明快，不宜反复上色和来回涂抹；反光感强，亮部与暗部的明度差异很大；宜用“线描＋渲染”的技法表现，彩色铅笔、水粉笔和麦克笔都是理想的绘画工具
表面密实、光洁	强调人体转折处的明暗交界线；高光区与阴暗区的过渡部位通常只用2～3个色阶完成；越是表面光洁的皮革面料，受周围环境色的影响就越大
图案粗犷	大多数皮革服装是单色或由少数几种颜色拼合而成，有些动物皮革则自带花纹，在绘制时要注意不要把自然生成的纹样画得太过整齐规律

作者：王晓莹

作者：吕晶

作者：李欣

2.2.6 毛羽类

视觉感受	相应的绘画要点
丰满、厚重	人体轮廓几乎完全被掩盖在厚实的面料之下，因此尤其要注重人体比例的准确性，不要因为过分追求裘毛或羽毛的蓬松感而导致服装没有了“型”
柔软	整体笔触以曲线为主，转折处的弧度十分圆润
垂坠感较强	可以借助裘毛或羽毛的朝向和密集程度来表示垂坠感
色彩柔和、光泽度好	首先在底稿上用大块颜色表现出基本色调，然后用较深的颜色塑造出不同朝向的块面，并渲染出裘毛或羽毛自然的分簇、分绺；最后用较细的笔触分层勾勒出亮部毛、羽的形状和肌理；要注意运笔的松动和灵活以及色彩由深至浅的渐次渲染，避免僵硬的转折和线条；服装上常见的毛羽颜色有白、黄、棕、灰、黑、蓝；适宜用渲染法或是综合技法中的吹色法、拓印法、擦刮法等技巧着色
体积感强、针毛蓬松	用线条勾画出浮现在表面的针毛是塑造毛羽类服装质感的重要技法；绘画中十分讲求“虚”与“实”的对比，有时淡淡的色彩渲染再加上寥寥数笔的线描就可以表现出蓬松的特征；也可以利用深色的背景来衬托毛羽轻扬飞舞的视觉感受
图案带有动物毛发的自然属性	裘皮的“条状”或是“斑点状”图案是动物生长时自然形成的，因此在绘制时要注意图案色彩和毛皮底色之间的自然柔和过渡，不要画成僵硬的边界；鸵鸟毛、孔雀毛等禽类羽毛都有自己特殊的毛丝形状和颜色，在细部刻画时要注意区别

作者：王晓莹

作者：王颖

2.2.7 纱类

视觉感受	相应的绘画要点
轻薄、半透明	由于人体的轮廓和肌肤的颜色可以透过纱料显现出来，因此对人体局部的结构刻画要更加完整和深入一些；纱料与其他面料以及纱料自身之间的叠透效果要通过笔触的强弱和色彩的变化加以表现
软硬差别较大	软质纱与人体比较贴合，可多用曲线表现；而硬质纱却常常自成廓型，适合用直线或折线来表现
悬垂性不佳	纱质轻盈，因此垂坠感不明显，绘画时要着重体现它在空气中飘舞的形态，用快速、灵动的笔触勾勒出那种不确定的感觉
色彩虚实变化丰富	即使纱料的固有色非常浓重（例如黑纱），描绘时也只需以浅色铺底，然后用稍重的颜色在边缘或皱褶处进行淡淡的渲染即可；保留一些空白或浅色区域以表示纱料良好的透光性；纱料堆积处的颜色通常要浓重一些；要让纱料下面的颜色透露出来，底色与纱料贴合得越近，显露得也就越明显；适宜用“线描＋淡彩渲染”的技法进行描绘
表面光洁、纹理细密	纱料的表面肌理主要有条纹状和网眼状，可以用极细的笔触进行勾勒，描绘时要注意纹理的方向应当随着纱料的弯曲、折叠而发生改变；纱料的表面越是光滑和硬挺，亮部的反光也就越明显
图案多样化	纱料的图案组成主要有印花和刺绣两种形式：印花图案不宜画得过于完整和清晰，只需按照纱料的形态进行虚、实变化的渲染即可；对于刺绣图案，因为绣线或金属片、珠宝的点缀会使纱料产生一定的垂坠感，要注意用褶皱的方向和形状来表明这种特质

作者：王晓莹

作者：吕沙唐

随着纤维种类、织物组织规格和后加工处理方法的不断推陈出新，越来越多的纺织品呈现出前所未有的外观和性能特征，这就意味着许多过去人们所熟悉的面料特征发生了悄然的改变。例如，厚实的织物不代表其重量一定很大，而透气性很好的织物也不一定是多孔而轻薄的……因此，以上所介绍的绘画技法远不足以涵盖所有的品种类型。必须在总结现有规律的同时努力掌握新的纺织科技动态，仔细研究新材料的内部、外部特性，从而找到适当的绘画方法。

3. 数码时装画

20世纪80年代，服装设计所使用的电脑设备及软件（通常被称为“计算机辅助设计”，简称CAD）还被当做是需要经过特殊训练才能使用的专业技巧，时至今日，随着个人电脑技术的发展和普及，许多专业图形（像）设计软件都可以在微软的Windows系统下进行操作，并且它们所生成的文件能够相互之间进行兼容转换，这不仅意味着时装画的创作手段更加多样化，而且数码技术也成了艺术创作的一种普遍手段。

3.1 矢量图形和位图图像

在时装画的创作中，画面的构成主要通过两种数码技术进行处理，即矢量图形和位图图像。

矢量法是用数学函数来描述图形的位置、大小、形状和色彩的方法，它的最大优点是图形总是有着平滑而清晰的边缘，线条既不会出现锯齿，也不会显得模糊抖动。同时，通过数学公式计算生成的矢量图形，不仅所占的内存空间很小，而且在分辨率上有着很强的独立性——图形的尺寸无论放大、缩小还是进行角度上的旋转都能够被各种分辨率的显示、输出设备进行真实的再现。正是因为矢量图形的这种特性，它常成为插图画家、工程技术绘图员、广告设计师的首选表现方式。在时装画的创作中，常用的矢量绘图软件有Adobe Illustrator、CorelDRAW、Macromedia Freehand和Painter，它们都能够提供各种绘图工具来描绘不同类型的线条和轮廓，并且运用复制、对称、剪贴、缩放、变形等图形编辑功能快捷而规范地绘制出各种服装工艺款式，其强大的色彩库也能够满足设计中不同的产品需求。而且，这些以矢量为基础的绘图软件也早已引进了诸如渐变、笔刷、纹理、渲染、滤镜等艺术化处理功能，由此一改以往矢量图形层次单调、融合生硬、立体感差的弱点，可以帮助创作者描绘出线条整洁、结构分明、色彩匀净的时装插画或时装效果图。

位图图像是由称为“像素”的一格一格的光点来组成的，每个像素都有一个特定的位置和颜色值，编辑位图图像也就是在改变每一个光点的明暗关系和色彩关系。与矢量图形相比，位图图像在表现影调变化和色彩过渡方面效果更佳，因此十分适宜于照片的处理或是用来创建奇幻的画面效果。在选择创建位图图像之前，一定要依据未来输出画面的大小来选择适合的分辨率大小——因为是分辨率决定了一定单位面积内像素的数量。分辨率越大，单位面积内包含的像素点就越多，图像的明暗和色彩的层次就越丰富，整体看去也就越清晰。如果分辨率不够，当位图图像被放大时就会出现“马赛克”式的色彩方块和锯齿状的边缘线；反之如果图像被缩得太小，画面中的一些细节也就会显得模糊不清甚至消失了。在时装画的创作中，最常用的位图绘画软件恐怕就是Adobe Photoshop，它可以让创作者获得广泛的资料来源（几乎所有的平面媒介都可以通过输入设备生成该位图图像），并且使创作者能够更加直观、自由地在电脑上进行图像的拷贝、剪切、粘贴、解构、重组、变形、渐变、晕染等一系列数码技术处理，从而描绘出逼真的材质效果和细部结构以及独特的画面氛围。

随着产品的升级换代，上述两类软件不仅在各自的功能上进行了扩充和彼此模仿，并且还可以通过相应的程序进行文件的转换。然而，尽管这一切都增进了数码时装绘画的自由灵活度，但是创作者还是应当根据绘画的目的来进行适当的选择以提高创作效率。一般来说，矢量图形软件中灵巧的路径绘制和色彩填充工具可以用来简便而快捷地创建新的图形，十分符合服装生产流程中时效性的要求，并且所得到的图形轮廓清晰、细节清楚、色彩明朗，因此通常成为绘制时装效果图的主要工具；而位图软件则更加适合进行复杂图像的修改和编辑，通过对图像进行清除、改色、变形、挪移、点阵化、虚化和定点光源照射等处理，使之成为一种全新的视觉元素，因此适合于创建多层次的风格化作品。

目前，教授绘图软件的书籍种类极其丰富，对于各种软件从工具面板、编辑功能到实战操作等具体技法都有非常专业和详尽的介绍，因此，在本书有限的篇幅里就不再逐一进行介绍。以下简要地介绍时装画的整体创作流程以及一些相关的注意事项。

3.2 数码绘画的基本程序

3.2.1 第一步：创建廓型

人体及服装的廓型虽然可以由软件直接生成，但除非是专门的服装CAD软件提供现成的人体模版和服装款式库，否则，不是电脑自由手绘的操作步骤过于烦琐，就是所绘的图形线条显得过于呆板。在实际绘画中，常见的有效方法是：

（1）首先将手绘的线描稿经过扫描仪或数码像机转化成为数码文件，然后导入矢量绘图软件进行路径的描绘以形成封闭区域，从而对图形进行填色和材质、纹理的设置处理，而轮廓线条仍然可以保留原有的自然手绘笔触。

（2）运用带有压力传感笔的电子绘图板来进行描绘。由于使用传感器作画与真实的纸笔结合毕竟存在着差距，因此所得到的初步路径图形通常不是十分的精确和细致，绘画者要运用“锚点控制手柄”对轮廓线条作进一步的锚点闭合、增减、平滑、角化等调整，使结构正确、线条顺滑、轮廓封闭。

（3）利用软件中的一些追踪描摹功能从照片上直接提取路径线和矢量形状，例如Painter软件中的“克隆与追踪”（Cloning and Tracing）命令，或者Illustrator中的“自动描边工具”（Auto Trace Tool），这些方法都可以帮助绘图者从非常广泛的图形及图像资料中获取所需要的创作素材。

3.2.2 第二步：填充颜色

目前，各种专业绘图软件都能提供非常丰富的色彩库功能，使用者可以在瞬间完成颜色的设置、调整和转换。这不仅大大地节约了服装设计的时间成本，也极大地提高了画面效果的直观性，帮助时装绘画者快速地判断出服装的色彩与人体肤色的搭配、服装不同部位之间的色彩搭配以及服装色彩与环境色之间的关系，从而甄别、筛选出自己想要表现的颜色组合。

但值得注意的是，由于软件中最常使用的RGB和CMYK颜色模式分别是属于适合光学仪器显示的加色模式和适合油墨印刷的减色模式，与纺织材料特有的设色存在着一定的差距（纺织材料的颜色普遍含灰度较高，这是由染料性能、面料质地和表面纹理等因素造成的结果），因此，在给时装画着色时，特别是给工业用的时装效果图着色时，一定要考虑到现实状况下色彩存在的可能性。

用矢量绘图工具勾勒出封闭区域进行逐一填色。

使用渐变命令为服装增添一定的色彩和虚实变化。

在色彩库中最终选定服装的色彩组合。

3.2.3 第三步：创建质感和图案

鉴于服装材料的丰富性和差异化，质感和图案的表现成为时装绘画中一个非常关键的环节，而成功地展现这些细节信息也能充分体现设计师的创新理念。质感和图案的数码创建总体来源于两种方法：一种是使用各类数码绘图工具进行图案的描绘，另一种则是通过图像的剪贴和编辑。

具体来说，计算机强大的复制功能使得任何设计元素（点、线、面等几何形状或者自然形状）都能够按照一定的韵律节奏被组合成各种风格的纹理结构和图案样式，将它们填充到相应的服装局部轮廓内就能够产生出光滑的、粗糙的、凸起的、凹陷的、坚硬的、柔软的表面肌理效果，以及形成各种风格倾向的面料图案（例如格纹、条纹、迷彩图案以及传统纹样等）。而擅长处理照片的位图软件能够获取逼真的图像资料，将其剪贴于适合的部位并加以适当的编辑（例如旋转、放大或缩小、透视处理、改变色彩及明暗关系等），就可以更加直观地反映出服装服饰所用的材质和颜色。

裘皮外套经由手绘板绘成，因为自由、松动的笔触有利于表现针毛的质感；而腿部的丝袜效果是从绘图软件的材质库中直接获得，其细密、规则的纹理也是手绘效果所不能企及的。在电脑时装绘画过程中，要根据表现对象的特征来选取最为合适的技术手段，而这些经验的获取也必须建立在大量反复实践的基础之上。

3.2.4 第四步：背景渲染

时装画所描绘的不仅是服装的轮廓结构和工艺细节，也是时代人文精神的写照，因此，时装画（尤其是时装插画）还往往涉及对整体环境气氛的渲染和对灵感来源的表现。绘画者可以通过灵感元素的展现、道具符号的描绘以及主观色彩的表达来达到突出设计思想和丰富画面层次的目的。需要注意的是，时装画中背景的存在是为了让画面的主体（服装及人体）能够更加突出，让设计者的创意思维能够更加直白地传达给观众，因此背景的刻画不宜过于具体和细致，而适宜作平面化、单纯化、局部化、淡化、虚化、抽象化等处理。各种数码软件中的图形绘制和编辑功能都能够轻易地将各种画面处理得符合以上几个方面的要求。

思考和练习：1. 练习线描人体着装图。

2. 根据摄影图片进行不同材质时装的描绘。

3. 完成1～2幅数码时装画。

第四章 Chapter Four

创建时装画风格 How To Create A Personal Style

— 课题名称：创建时装画风格
— 课题内容：时装画创作的灵感来源
时装画的基础造型语言
如何表现风格
— 课题时间：8课时
— 教学目的：使学生掌握与时装画有关的素材来源，了解构成时装画画面的基本元素，能够独立完成不同风格主题的时装画创作。
— 教学方式：图片、多媒体讲授，课堂讨论，课后练习。
— 教学要求：1.使学生了解时装画创作的常见素材来源。
2.使学生能掌握时装画的基本形式美法则，并且能够发挥自身的艺术风格绘制出完整的作品。
— 课前准备：准备ppt演示资料，选择适当的主题引导学生进行创作。

1. 时装画创作的灵感来源

灵感是人们在无意识的状态下产生的一种创造性思维活动，它通常来自于信息的诱导、经验的积累、联想的升华甚至是情感的波动，是创作者在将大量信息进行整合与拼接所产生的结果。尽管灵感的突发性和偶然性的特征使其发生的时机不为人们所控制，但是获取灵感的通道（即灵感的来源）却还是有迹可循的——作为人类重要文化符号的服装深受自然、社会、人文和科技等多方面因素的影响，在时装画从无到有的创造过程中，这些内容都会对作品的主题、立意、风格和局部细节产生决定性的作用。

1.1 自然环境

大自然造就了人类穿衣的动因（例如防寒、遮阳、驱虫等），也为人类制作服装和服饰提供了原始的素材——这其中不仅包括了动物毛皮、植物茎叶、矿物染料等实物材料，也包括了自然界中形形色色的物体给人们带来的创造力上的启迪。

事实上，人们今天所熟悉的许多有关服装的概念都是在受到自然的启发之后创造出来的。例如，在织物方面有竹节纱、毛虫纱、蜂窝纹织物、犬牙格纹织物、蝉翼纱、泡泡纱、星星呢、山形条纹绸等；在服装的造型轮廓方面有燕尾服、郁金香裙、鱼尾裙、蝙蝠袖、羊腿袖、泡泡袖、马蹄形袖口、喇叭花形袖口、牛舌领、鸡心领、袋鼠式口袋、水滴形文胸、鱼嘴驳头、花瓣形下摆、月牙边、荷叶边、蝴蝶结等；在色彩和光泽方面则有着更为丰富的种类，例如象牙白、泥土黄、宝石蓝、铁锈红、鸭蛋青、珍珠光泽、金属光泽等；在工艺技法方面也有着诸如茎状线迹、鱼骨形线迹、贝壳形线迹、蜂巢状线迹、结晶状热定型、鸳鸯针织法、籽粒刺绣等多种样式。

从前面这些有趣的名称中我们可以看出，服装的许多发展历程深受自然界物质的影响，目前，人们将这种积极向大自然靠拢的创作方式称为“仿生学设计”。在时装画的构思阶段，主要通过以下两种方法进行自然素材的收集和组织。

一是直接模拟法。植物茎叶、花朵和果实的形态，动物形体、肌肉、骨骼的特征，岩石土壤表面的纹理，山川河流变幻莫测的颜色，甚至是显微镜下那些稀奇古怪的微生物结构……这些都可以成为创作时装画时的模仿对象。绘画者可以通过观察实物或者图片来得到自己想要的轮廓形状、比例结构、色彩关系和图案肌理。需要注意的是，广泛的题材并不意味着没有选择上的制约，绘画者必须考虑服装本身形态与功能的可行性，尤其对那些与消费市场紧密关联的时装画而言，绘画者更不能只为求画面的新颖效果而忘记了实用目的的表达。

二是间接挪用法。这是一种绘画者将自然界物质的外部形态、内部结构以及功能原理进行相互置换，从而形成新的视觉形象的方法。例如，一朵娇艳的花朵，创作者并不取其突出的色彩优势，而是将颜色所带来的感觉转化成为一种外形轮廓上的纤弱与妩媚；或是创作者受到某种自然景象（譬如风暴、日落、海浪等）的感染，从而调动相应风格的色彩、形状和笔触来组织画面。由此可见，与直接模拟法相比，这一方法的灵感来源范围更加广阔，出发点也显得更为主观和自我，但同时也要求创作者具有较强的形象思维能力和较高的造型能力。

作者：宋扬

能够得到这些信息的途径有：我们身边真实的自然环境，自然博物馆，自然主题的书籍、绘画、摄影以及影视资料（它们通常能够展现人们的肉眼所无法洞察的那一面）。

1.2 历史古迹

每一历史时期的人们都有自己独特的着装偏好和经验，例如，中世纪哥特式服饰从造型和风格上都呈现出轻盈、挺秀、耸立的特征；而文艺复兴时期的男女服装则开始向横方向发展，追求一种膨胀丰满的造型；到了洛可可时期，一种强调漩涡状花纹及繁复曲线的充满女性妩媚气息的装饰风格成为服装的主要潮流……漫长岁月中，不同历史时期的生产力发展水平和社会意识形态都会影响服装的样式、色彩、材料、装饰和功能，而不同文明间的差异更是促进了不同种类和风格的服饰文化的演变——这都为今天人们的创作活动提供了极其丰富的参考素材。时装设计师约翰·加里亚诺就曾经表示“在时装设计的世界中，一切都是有可能的，而这种可能主要受惠于旧装翻新的无限重复。”

时装绘画者需要知道如何巧妙地借鉴某个特定历史时期的服装造型及风格，或是以新的模式将其进行整合。主要的具体手段有：

（1）对传统结构进行创新改造，例如采用打散重组、局部结构任意拼接等技巧来形成新的轮廓结构。

（2）夸大材料的肌理效果，或用新型材质来取代传统的纤维面料。

（3）通过传统的图案纹样或是吉祥饰物来强调视觉符号的连带关系。有时，目光不一定只停留在某一款具体的传统服饰上，一个历史人物、一次历史事件甚至一个传说故事都可以成为获取灵感的切入点。

能够得到这些信息的途径有：各类主题的历史博物馆，手工艺品，民间艺术，个人古玩收藏，历史书籍、绘画、戏剧、舞蹈以及影视资料。

作者：陈旭辉

1.3 大众流行文化

社会学家认为，流行文化目前已经成为一种社会文化现象，极度的普遍性使之无时不在，无处不在。流行文化是人类社会、经济、政治生活现状的最直接的反映，而时装之所以成为流行文化的典型代表，是因为无论在物质形态上，还是在意识形态上，它都能够迅速捕捉到大众日常生活中新的兴趣点和新的商业增值点。

一直以来，影视剧、流行音乐和前卫艺术对服装设计的影响总是最明显的——明星、歌手、艺术家等都会被冠以“时尚人物”的头衔，他们的个人形象、着装风格偏好和他们所创建的作品都可以为绘画者在构思画面时提供绝好的参照。因此，绘画者既可以将好莱坞某位明星的一个经典姿势临摹到画纸上成为模特的动态，也可以从她/他在某部电影里塑造的人物形象获取关于服装造型、色彩的信息。与此同时，在今天这个物质商品极大丰富、信息传媒无限充斥的时代里，工业产品造型、卡通游戏、美食文化、社会流行语等以往似乎相去甚远的内容都开始与服装的创意发生了紧密的联系，绘画者可以把自己喜欢的糕点图案或流行语描绘在T恤衫上，也可以从一把水壶或者一辆汽车的设计中寻找到自己理想中的服装廓型或细部结构。

作者：李璐

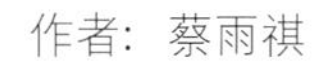

作者：蔡雨祺

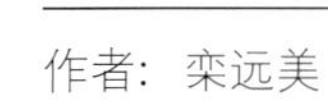

作者：栾远美

能够得到这些信息的途径有：社会事件，文化风潮，流行音乐，现代绘画、戏剧、舞蹈、影视作品，现代建筑、工业设计作品，时装发布会、时尚杂志和时装类书籍。

1.4 科学技术

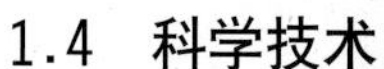

在不同的历史阶段，缝纫机械、化学纤维、合成材料的出现和改进都曾经深刻地影响了服装的面貌乃至整个产业的发展状况。事实证明，服装的设计和应用离不开材料科学与纺织技术的进步，每一阶段的服装潮流都与当时出现的新型材料或是纺织技术革新有关。近年来，高性能纤维和高感性纤维研究方面取得的成果更是极大地拓展了服装设计的资源空间，光纤材料、温感材料、图像感应材料、导电聚酯材料等新型材料都让服装的形态呈现出前所未有的特征；而激光切割技术、镀覆技术和数码印花技术则更为服装增添了独特的审美价值。

此外，其他科技领域所取得的成果也可以转化成为时装创作的灵感来源。早在1936年，艾尔莎·夏帕瑞丽/Elsa Schiaparelli就曾将温度计的图形印制在服装上以“测试”穿着者的热情；1963年，法国设计师安德烈·库雷热结合当时的“宇宙热”推出了以简洁造型著称的未来主义风格的时装；而以实验性、概念化设计思路见长的设计师侯赛因·查拉雅受到航空飞行器的启示，于2000年推出了在遥控设备操纵下能够自动张开裙摆的“飞机”连身裙设计……由此可见，广泛地阅览科技信息、了解科技动态会帮助绘画者掌握更加丰富的创作资源，从而能够更加主动地选择绘画时所需要的设计元素。

能够得到这些信息的途径有：科技展览馆，科技产品动态、专业类文献、科技图书，摄影以及影视资料。

2. 时装画的基础造型语言

构思的最初阶段是由一些模糊的信息或是一些不完整的形象所组成，因此需要很强的执行力才有可能将其转化为可视、可触的物质形态。要想将上述的灵感源泉在画作当中表现出来，就要涉及绘画造型语言的运用。

2.1 纸张平面

在面对一张白纸的时候，尽管上面什么痕迹也没有，绘画者的思维也要立即活跃起来——因为纸张平面的尺寸、形状、比例都是构成作品的有机部分，它们会使画面生成动—静、轻—重、厚—薄等一系列视觉特征。由于视觉感受是人们在与自然的互动过程中经过长期的观察和实践后得出的一种心理积淀，在人群中具有普遍性、稳定性和传承性，因此在学习如何创作时装画作品时应该掌握其中的一般性规律。

2.1.1 横与竖

纸张的上、下、左、右四个边界划定出一个范围，下端的水平线也称“大地之线”，呈宁静、平稳、寒冷的意味；而垂直方向的线条则较之显得更加有力量感、暖感和动感。当水平线和垂直边线的长度不是1∶1的时候，整个纸面的均衡感就被打破，从而显现出不同的性格特点：当垂直边界较长时，纸面就呈竖构图形式，其本身有一种温暖的感觉；而当水平边界较长时，纸面就呈横构图形式，其寒冷感较强，所组织的画面就会像电影屏幕一般包含一种“叙述”的意味。

在时装画绘制中，单件（或三件以内）的设计作品多以竖构图为主，这不仅因为竖直的纸面能够传递给外界上述的视觉感受，而且也是因为纸面的形状与人体的长、宽比例之间相互协调，从而易于空间的分割。横构图更适合于一个作品系列的表现（一般在三套服装以上），因为这样一来画面不仅能够按照均匀的比例容纳下较多的图形数量，同时也能够更好地展现出作品之间存在着的呼应关系。

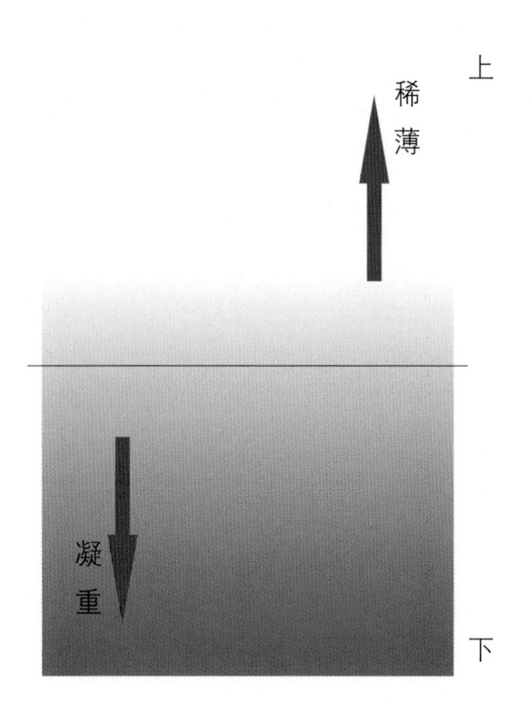

2.1.2　上与下

一如人们对于高海拔地带稀薄空气的印象，纸张的上部空间也带有“稀薄”的特征，因此这一区域也会显得“轻浮”和“松动”，并且这种向上的趋势也蕴涵了一种“升腾”的张力。而纸面的下部空间则与上部截然相反，有一种扎实、厚重、深邃的感觉，同时这种重量感又带有一种束缚性——越接近纸的下端，这种抑制的力量也就越强。

掌握这一规律对时装画的创作十分有利，它对于表现不同类型的服装以及不同的服装局部有着很好的指导性作用。在使用线条、形状和颜色时，既可顺应“上轻下重”的规律创建均衡的画面感，让人更好地了解绘画背后的设计意图；也可以有侧重地强化纸面两端的视觉特性，创造出充满不稳定因素的画面效果，从而加深感观上的冲击力。

2.1.3 左与右

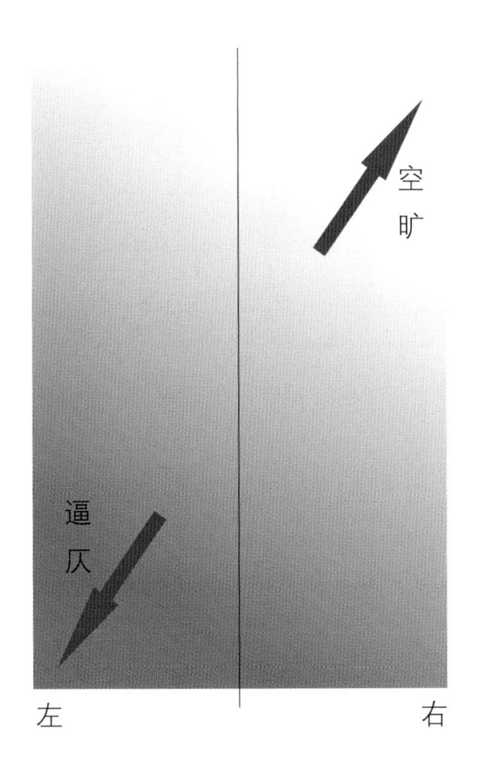

纸张的左部空间和右部空间同样有其内在的特质，这里的“左”和“右”是指人们眼睛所看到的纸张平面的左侧和右侧，即纸张的左右与人们左右手的方向是一致的。

纸面的右侧比左侧显得空旷而自由，越往上则越发显得稀薄；左侧空间则显得逼仄和硬朗，越往下就越是显得凝重。我们在构图时可以利用这种特殊的心理感受制造出想要的画面效果。

作者：栾远美

2.2 动势线

动势线是画面中构成物体运动趋势的主骨架线，它给观看者带来画面的方向性和速度感。单一物体中有其本体的动势线，整体组合后又有属于整个画面的大的动势线。动势线通常呈多种形式存在：它可以是稳健的，画面由此展现中正、厚重、平稳、挺拔有力的特点；它也可以是从画纸的边沿或是纸的一角入手的不均衡式，画面由此展现奇巧、新颖、生动活泼的特点。

在时装画中，单一物体的动势线即指人体的动态线，其中，最重要的是脊柱(包括颈椎和腰椎)的方向和状态，因为是它引起了人体的显著变化，从而形成了主要的动势线。对于以单个人物形象作为画面主体的时装画来说，人体的动势线也就成为整个画面动势的中心。而对于一组人物形象或是由人物与背景物体共同构成的画面来说，几者之间的并列、交叠、穿插关系就显得非常重要了——因为整个画面的动势线就贯穿其中，独立图形之间的位置摆放是否恰当，相互比例是否协调，都决定着动势线是否流畅与优美。

一般来说，动势线隐藏于画面之中，表示某种潜在力量的存在。然而，为了丰富画面效果和加强视觉冲击力，有时在绘制时装画时也可以将它作强化表现，主要的手段有:

（1）借助夸张的服装形态以凸显动势线的走势。

（2）在主体轮廓的外沿用背景笔触进行强调。

（3）用其他的物体（例如花、草等灵感元素）来明示动势线的存在。

2.3 形状

在第一章中已经提到，时装画是一种有明确主题的绘画，它通常要求绘画者在很短的时间内就能运用相对简单的点、线、面来概括表现人体与服装结合时的状态与特点，因此时装画的创作一般不会对客观物体的明暗关系、透视角度、表面肌理等作过于严谨和细致的刻画。正是由于这种平面化的特征，“形状”在时装画中的重要位置显现了出来。

2.3.1 基本形状

物体通过轮廓线与外界区分开来从而构成自身的存在——这就是“形状”的产生。在人们普遍的认识中，正方形、三角形和圆形是最基本的三种几何形状。正方形的等距边长和直角结构使它蒙上了一层静止、庄重的色彩，呈现一种内在的张力；三角形的尖角显得突兀和锐利，因而有一种激进、犀利的意味；而圆形的瞬间封闭性令它呈现出一种运动、跳跃的感觉，比前两者更显得舒缓和温暖。这三种基本形状经过自身之间或者是彼此之间的组合、切割或是运动衍变，可以派生出更多、更复杂的形状，例如长方形、十字形、菱形、多边形、椭圆形或波浪形等。

服装在自身的发展过程中，也逐渐形成了一些明确的几何廓型，从20世纪50年代开始，迪奥陆续推出“新外观”系列作品，使得服装整体造型的概念得到进一步强化，由迪奥所创建的A型、O型、Y型、H型、X型等现代服装的基本廓型概念沿用至今。值得注意的是，每一种服装廓型通常都带有最初基本几何形状的视觉特质，例如A型具有三角形的特点，因此服装款式显得年轻、活泼、激进，而H型具有矩形的意味，因此服装款式常显得端庄、肃穆、传统……对每一位时装绘画者来说，认知服装的基本几何形状对于构思画面是十分有益的，因为它可以使你了解应该使用什么样的绘画线条、笔触和色彩。

作者：王晓茜

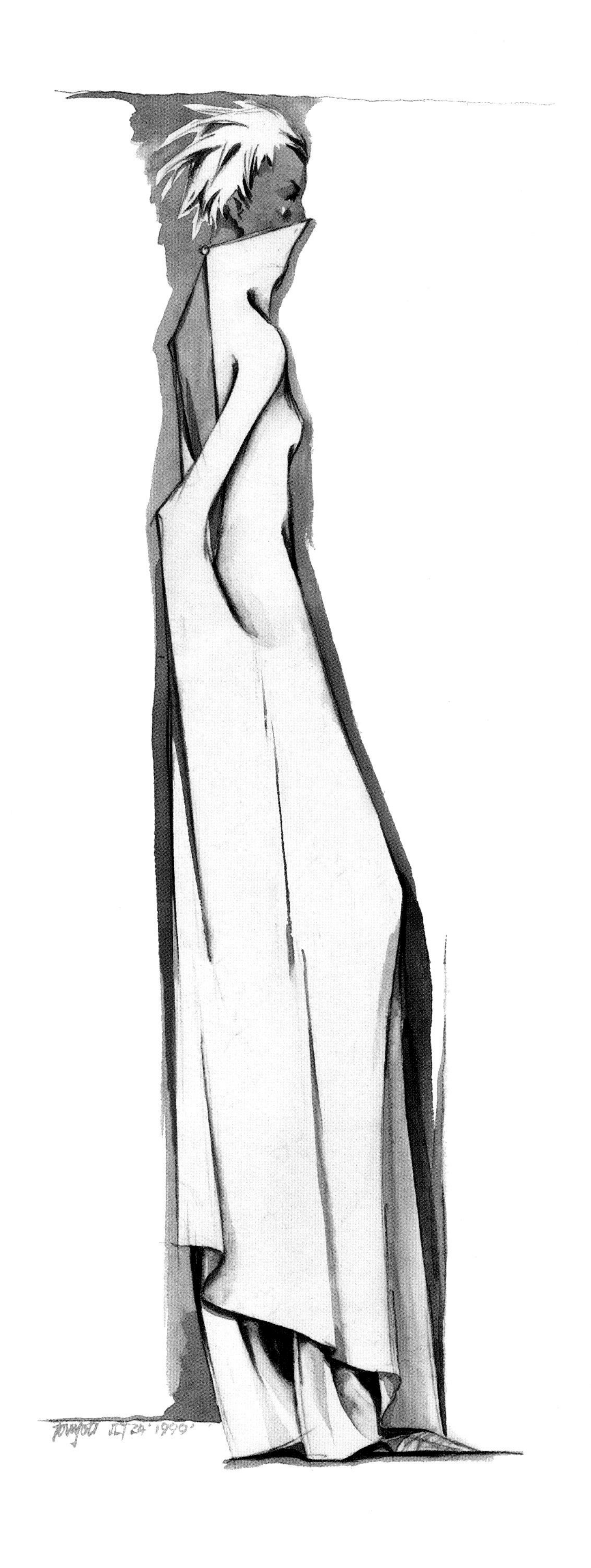

2.3.2 主观表现的形状

物体的客观形状与绘画者依据自身的判断所概括、提炼出来的形状之间一定存在着某种差异，而这种差异也正是绘画者对基本形状进行主观选择的结果，是个人审美体验的外在表现。例如在绘制童装时，为了表达一种天真活泼的气氛，可以选择以“圆”为主的形状来处理画面的各个部分——不仅可以用圆弧线来描绘服装结构，而且可以用圆点图案、圆形饰物或是添加气球等道具物品来强化这种画面效果——即使在实际情况中不可能有那么“圆”的结构或是状态存在，但对于那些着力想表达设计概念的绘画者而言，时装画的创作允许这样个人化的风格处理。

同时，形状的性质还会跟随绘画者所使用的笔触或者颜色发生变化，例如，没有经过墨线勾边的形状显得松弛、随意，而那些用墨线勾边的形状则显得谨慎、整齐；均匀涂色的形状显得平实、理性，而用浓淡不一的笔触渲染的形状则显得立体和感性；形状相同的红色比黄色看上去更显庄重，而后者则更显明澈……我们可以通过掌握形状在不同条件下传递出来的不同视觉信息和心理感受来进行相应主题的时装画创作。

作者：李永超

2.4 色彩

由于服装是色彩、结构、材料等多种要素的结合体，因此其包含的可变因素很多，在进行服装色彩的设计时，就不能像对待单纯的平面色彩研究那样简单地分析，而是要全盘考虑各个构成要素之间的关系总和。首先，应该将色彩与服装的三维特性结合起来，因为即使是同一种色彩，当其处于平面状态时所呈现出来的色相、明度、纯度和其处于立体状态时是截然不同的。其次，针对于服装，人们的着眼点更多的在于不同色彩之间的搭配，因为当一款服装上出现两种或者两种以上颜色时，就会产生出面积对比、冷暖对比、扩张与收缩、静止与跳跃等一系列视觉关系。最后，搭配服装色彩必须考虑到面料的质感，因为服装面料的肌理效果是立体的，是可感知的，当一种色彩与不同质感的面料相结合时，其不同的材质和不同的织造方法都会产生出迥异的视觉效果。

在时装和纺织物中使用广泛的是孟塞尔（Munsell）色彩体系和潘通（Pantone）专业配色体系，尤其以潘通色系的应用最为常见，它能通过六位数字精确地显示某种颜色在色环上的色相位置（前两位数字）、明度位置（中间两位数字）和纯度位置（后两位数字）。除非是出于实际生产的要求而需要严格地遵照专业色卡或者按照规定的面料颜色进行绘制，否则，时装画的色彩运用还是非常自由、随意的——尤其对于着重传达设计理念的时装画来说，完全可以根据绘画者的设计意图来进行色彩的选择和搭配，由此，主观色也常常成为个人绘画风格的标志元素之一。当设计作品仍处在绘画阶段时，对整体“色调”的把握和对“色彩与款式”之间的协调处理是绘画者关注的重点。

作者：李琳

2.4.1 色调

尽管一件服装或是一个服装系列所包含的颜色数量是不确定的，但是对其主次关系却应该进行悉心安排，其中的一些是基本色彩，另一些属于点缀色，而服装整体最终根据反映出来的那个主体颜色而被冠以“×色调”的名称。一般来说，色调的种类有以下几种区分：

— 色相调，即以色相为基础划分的色调。每一种色相都有自己相对应的性格特征，例如白色调象征着纯洁、光明和轻快；红色调代表了热情、兴奋和危险；蓝色调则暗示了沉静、理智和忧郁。

红色调　　蓝色调

—— 明度调，即以明度为基础划分的色调，其中又分为亮色调（既包括浅绿、粉红、鹅黄等纯度低、明度高的颜色，也包括了柠檬黄、湖蓝等纯度和明度都很高的颜色）、中间色调（指那些明度适中，但纯度较低的颜色，例如驼色、豆绿、蓝灰色）、暗色调（指明度很低的颜色，例如黑色、熟褐、紫色、绛红色）。

暗色调　　中间色调　　亮色调

— 冷暖调，即以颜色的冷暖感来划分的色调，包括暖色调（纯度高的暖色相，例如大红、橙红、橙黄）、偏暖调（纯度略低的暖色相，例如粉红、玫瑰红、中黄）、中性偏暖调（在暖色中混入了黑、白、赭石、熟褐等中性色所形成的颜色，例如土黄、紫红）、中性调（冷暖感不明显的颜色，例如黑、白、灰、赭石、熟褐、金银色）、中性偏冷调（在冷色中混入了中性色所形成的颜色，例如粉绿、橄榄绿、青灰色）、冷色调（以冷色为主的颜色构成，例如群青、藏蓝、钴蓝）。

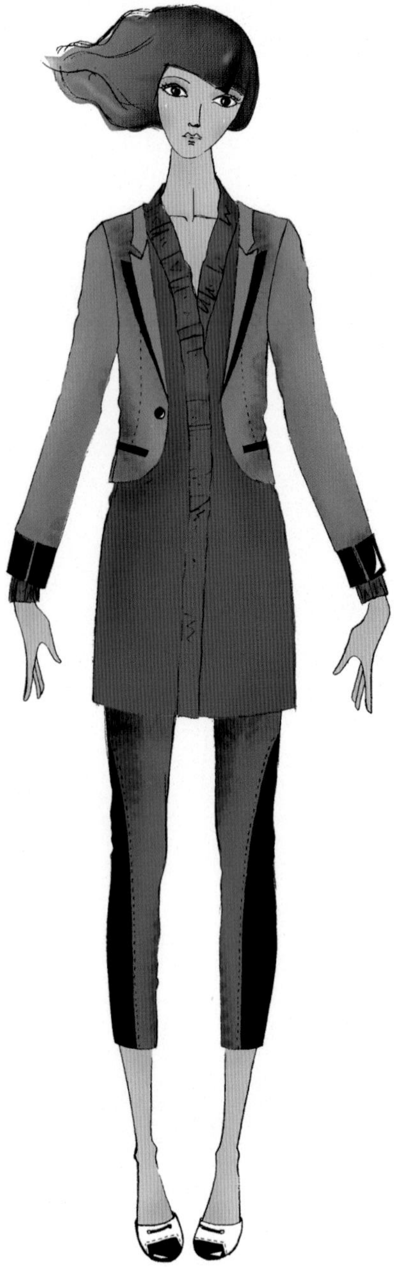

冷色调

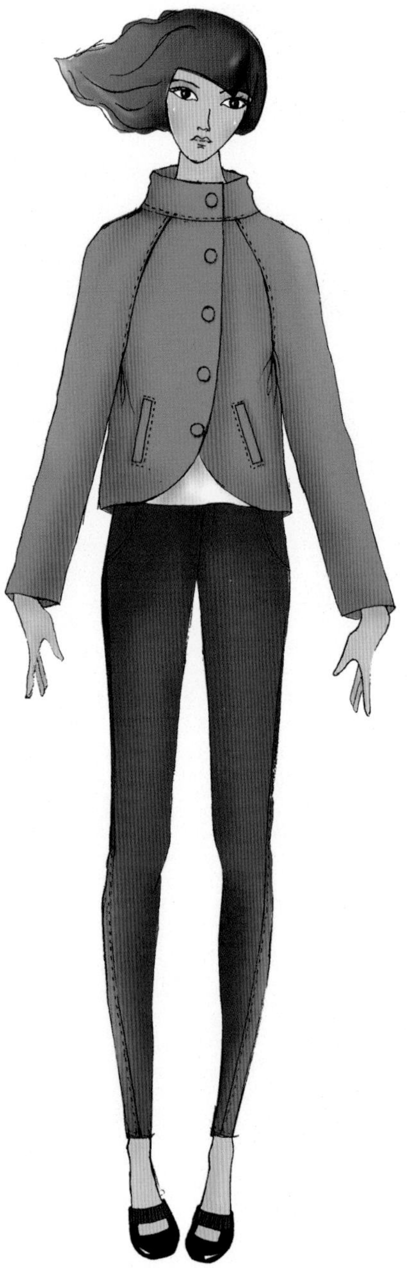

暖色调

作者：张晓萌

色调的存在可以使人们能够在进行绘画时找到一个理论的支点，来对纷繁的色彩进行统筹安排。对于时装画的画面效果来说，色彩所形成的整体感和协调性显得尤其重要——无论是平静还是热烈，无论是保守还是进取，绘画者都可以通过服装的颜色来表达，甚至可以借助于整张画面的色彩渲染来实现。

作者：赵荣峰

2.4.2 色彩与款式

色彩本身有自己的性格语言，而款式也表达了一种风格的取向，因此只有当二者的关系相互协调时，才会使作品的整体达到最优化。

通常情况下，服装的款式在与色彩结合时需要参考三方面的指标：一是原色、互补色、相似色、复合色、冷暖色等一系列基本的色彩搭配原理；二是设计任务所针对的穿着者人群和市场区间；三是权威色彩预测机构所发布的流行色趋势。在具体绘画时，可以从以下几个切入点进行考量:

— 明确款式设计的重点。如果服装的结构分割线十分独特和新颖，那么服装的颜色就不宜太过纷杂和暗沉，否则容易把设计的重点埋没其中；如果服装为传统而简洁的基本款型，那么在色彩的运用上就可以大胆地追求突破。

— 明确服装的功能。服装所针对的性别、年龄层、穿着场合都会对其色彩有所限制。一般来说，职业场合中的装束适合采用低彩色调（例如中性色调、冷色调或暗色调），因为这些颜色具有后退感和收缩感，因此在为穿着者提供一种整洁、肃穆的外表印象的同时，也有利于创造一种和谐、安静的工作氛围；而浅色调和纯度较高的颜色因为有明显的前进感和扩张感，因此十分适合应用于休闲装和运动装。我们可以利用色彩的这种视觉特性来进行整体与局部的调控——有时流行的产生可能就是建立在某种独具匠心的色彩搭配上。

作者：王思语

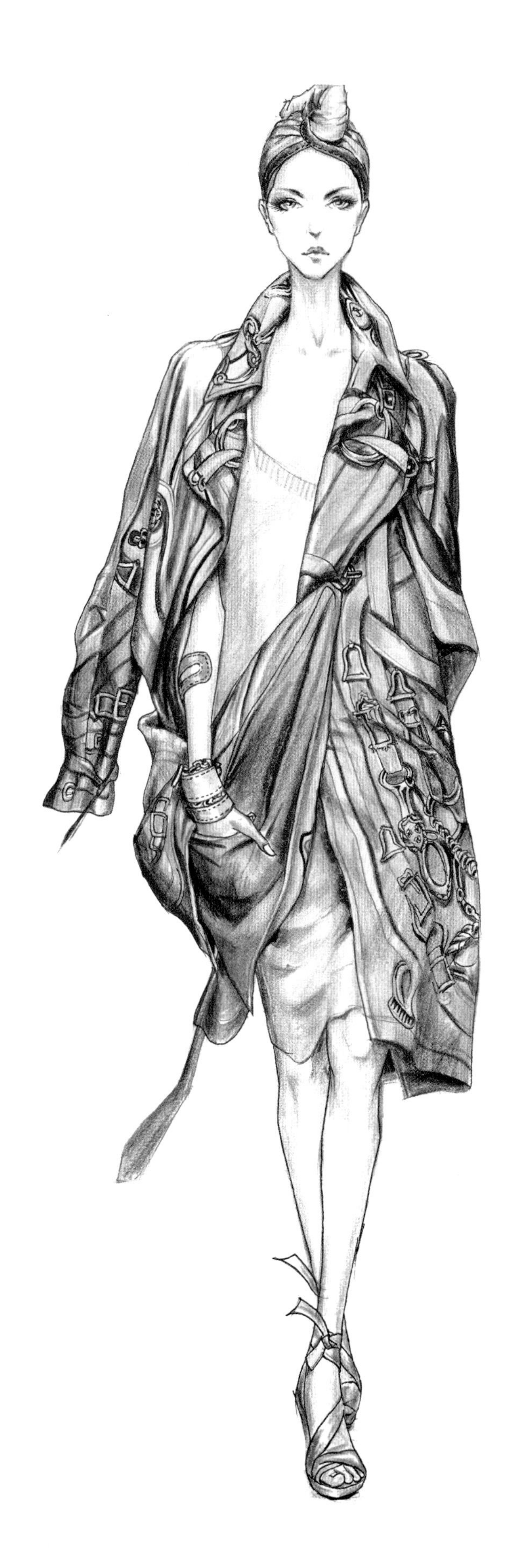

— 注重用色的习惯。每一个地区和民族的人们都有各自传承至今的用色习惯和禁忌，例如，黄色在一些非洲国家中深受欢迎，但在沙特阿拉伯、伊朗、科威特等一些中东地区的国家中却被视为不祥的颜色；而白色在许多亚洲国家中是禁忌色，但在某些欧洲国家中却非常受欢迎……由此可见，当绘画者以传统服饰和民族服饰作为灵感来源进行绘画时（特别是在实际的产品设计过程中），必须要考虑习惯色给人们带来的心理感受，毋庸置疑，这直接影响创作活动的成效。

作者：宋扬

— 了解当季的流行趋势。时尚的风向标总是在发生变化，一些色彩预测机构会定期发布有关未来时装的色彩趋势，这些结论的推出往往和当时的社会文化现象和不同消费圈人们的色彩心理感受密切相关。与此同时，人们还会发现，有一些颜色在相当长的时间内总会居于流行色的榜单之上（例如黑、白、灰等无色系和自然色系），而有一些颜色则很快就让人们感到厌倦了——这种现象的出现是因为时装色彩的流行一般都存在长、短两个循环周期。无论绘画者自身偏爱的是什么颜色，在创作中都不能忽视这一结合了市场策划与大众消费心理因素在内的预测信息，这其中还包括了对饰品行业、美容行业等相关产业流行色动态的了解。

作者：贺雪雪

3. 如何表现风格

虽然服装的款式、色彩以及与人体之间的关系是时装绘画的重点，但是作为一幅完整的艺术作品，除了要表现客观对象以外，创作者的主观情绪和特定观念的表达也是必不可少的。风格就代表了这样一种个人的美学隐喻和符号。

一般来说，一种新风格的确立一定出自独具匠心的取材与选题以及与众不同的构图方式、造型特色和设色倾向，也必然伴随独特的材料技法。

3.1 掌握形式法则

即使拥有了新颖的题材、娴熟的绘画技巧，也不足以保证作品的风格就是令人印象深刻的。通常，只有当绘画的内容和形式合乎某种基本相通的共识时，作品才会在人群中引起共鸣，进而得到解读和欣赏。因此，当时装画中的线条、形状、色彩的组合遵循着一定的形式规律进行安排时，个人的艺术风格才会在其中逐渐展现。

3.1.1 对称与平衡

“平衡”是对称形式所带来的心理感受。在时装画的创作中，通过绘画元素的左右对称、上下对称、镜像对称和源点对称，就能够创造出稳定、庄重、有序、安宁的画面效果。然而，在实际情况中，更多处理的是非对称式的平衡，即在元素的形状、大小、色彩和空间位置的安排上不一定遵循中心对称的原则，而是通过将其偏倚至纸张平面一侧的“偏倚配置”来达到画面整体上的稳定、均衡的感觉。当然，还有一种创作的思路是，绘画者可以完全反其道而行之，使人体的动态和服装所呈现的状态完全打破平衡的规律，这种对瞬间感的捕捉往往会使画面充满动感与张力。

气球在这里成为一个平衡构图的道具，它使画面看上去不会显得过于单薄和不稳定。

作者：王晓莹

3.1.2 和谐与对比

和谐是元素具有近似性的表现，即组成时装画的点、线、面等基础元素在形状、大小、色彩、组合方式等方面存在两种或两种以上的共性；对比则是元素之间具有差异性的表现，即经过对比产生大小、粗细、曲直、明暗、轻重、疏密、高低、远近、硬软、强弱、浓淡、动静、锐钝的差距。对比可以引导目光重新评估某种元素的重要性，也可以使画面显得生动而丰富。在一幅时装画中，和谐与对比的情形通常会同时存在，并且多采用“局部细节对比，整体构图和谐”的处理手法——这与以时装画表现产品的系列化主题不无关系。

作者：李璐

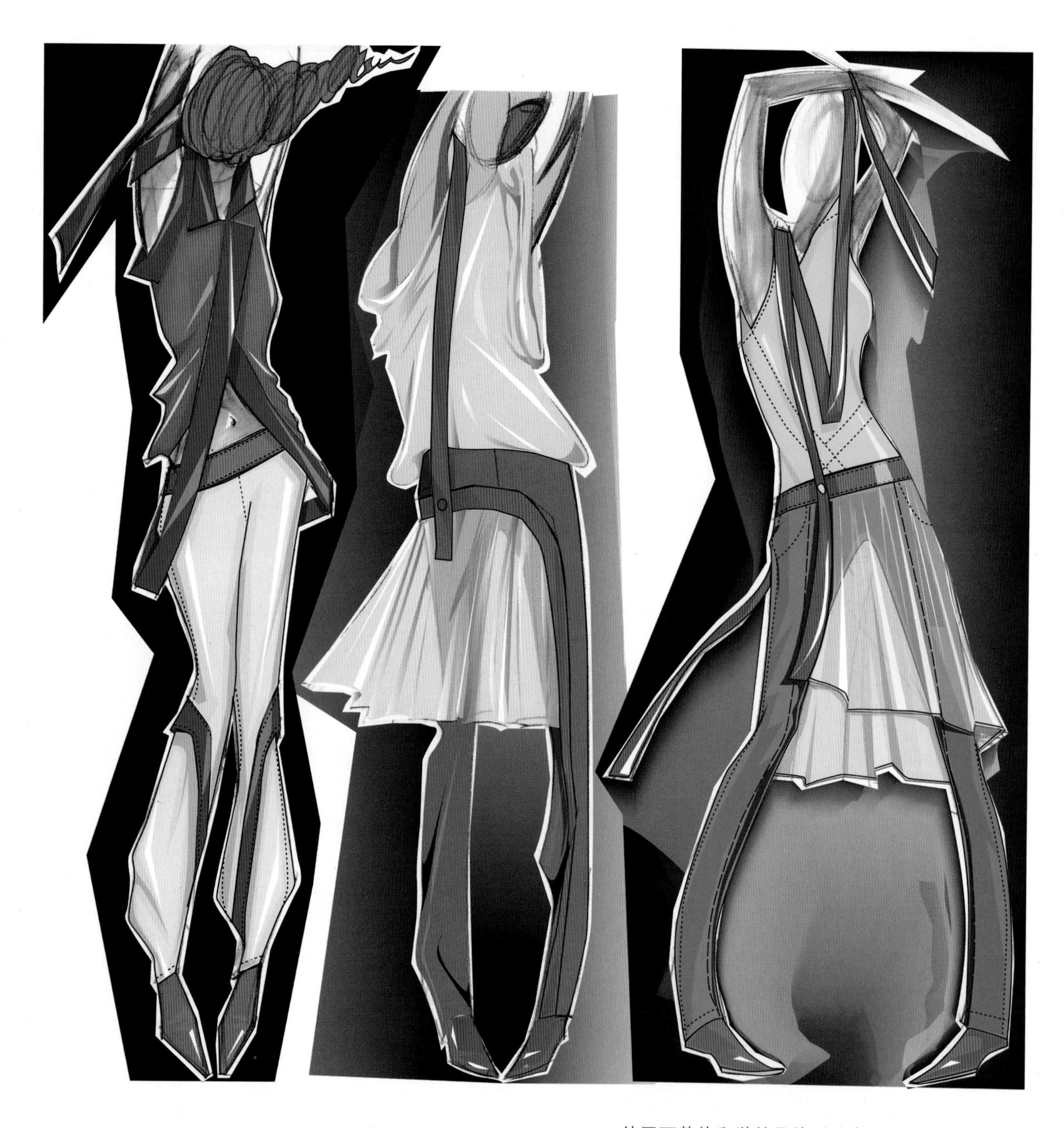

使画面整体和谐的具体手法有:

(1)采用相同或相似姿态、表情的人物造型。

(2)采用同一系列的色彩和质感组合。

(3)采用同一题材的图案纹样。

(4)通过背景渲染来明示统一的设计主旨等。

3.1.3　比例

比例是线条或者形状的整体与局部以及局部之间数量的一种比率，而时装画恰恰是一种非常讲求比例关系的绘画（在人体结构的部分，我们已经充分领会到了比例概念的重要性）。在适合的人体基础上，服装的围度尺寸、结构线条、长短变化和颜色搭配都可以遵循某种比例关系，例如对黄金分割、等量分割、渐变分割等进行安排，从而形成不同的视觉感受。在时装画中，有时为了突出风格往往会采用夸张的比例，例如夸大领、袖、裙摆等服装局部的结构造型，或者放大花朵、珠宝等镶饰物的尺寸，以传递创作的重点所在。

作者：刘俊冶

3.1.4　节奏与韵律

节奏会产生韵律，而韵律与人们生命的律动、情感的起伏或快感的振荡形成共振关系，因此是十分具有感染力的艺术表现形式。节奏的本质是：同一元素按照一定的规则、秩序进行重复所形成的一种强弱起伏、抑扬顿挫的规律变化。在时装画中，可以通过对服装的面料纹样、服饰配件（例如纽扣、拉链）、结构分割线、缝纫线迹、装饰材料（例如珠片、绲边）等构成元素进行规则或不规则的重复，从而得到一种构成形式上的动感。

作者将线条与颜色集中运用在人物的胸部以上，密集的线条与胸部以下简练的裙装线条形成鲜明对比，产生一种韵律之美。

作者：郑雯心

3.2 激发创造力

作者：李莎

创造力是指产生新的思想、拥有新的发现和创造新的事物的能力。在时装画的绘制中，创造力不会凭空而至，它需要绘画者在人格特质、个人经验、环境因素等方面进行点滴的积累。

首先，由于绘画的风格深受地域、国家、民族、时代精神、个人生命体验等多个层面因素的影响，因此，在平日里广泛地汲取各种类型的知识，积极地继承与发展前人的杰出思想与艺术实践，全面地了解和掌握时代审美取向就显得十分重要。其次，承载着设计观念的时装画，代表着绘画者创造事物的一种意识以及在这种意识之下延展出来的构思和想法，其所传达的信息也必须有内在的逻辑性，因此应该在理性的分析和梳理下有选择地使用绘画题材、工具和技巧。最后，创作者要有开拓未知领域的勇气，避免在情感或者认识上陷入一种固有的模式中——这一点对于那些已经创建起自己一定个人风格的绘画者尤其应当引以为戒。

思考和练习：1. 根据灵感来源创作时装画，并附100～300字的简短说明。

2. 按照当下的色彩流行趋势，提供2～3个系列的产品设计效果图。

3. 可根据自己的兴趣选择不同的形式法则进行时装画的创作。

第五章 时装画赏析

Chapter Five The Appreciation of Fashion Drawing

作者：雷欣

时装画与人们的日常生活关系十分密切，因此人物的动态常常可以定格为一种不经意的瞬间动作，这幅作品就是抓取了这样一种日常场景。人物所戴的草帽、所穿的白衬衫、圆点开衫与背景中的壁纸、木柜和手里拿着的铁罐相得益彰，都透露着一股浓浓的怀旧气息，一种平凡而精致的生活氛围跃然纸上。

绘画材料：素描纸、彩色铅笔、水彩颜料

绘画技巧：线描、色彩渲染

这幅画的主要表现方式为钢笔线描，直接用钢笔从眼睛开始落笔，没有打底稿，因而对造型能力有较高的要求。在完成的钢笔线描的基础上，用彩色铅笔概括地交代了一下色彩，虽然着墨不多，但与线条组合倒也虚实有度。在这幅作品中，人物的情绪及慵懒的体态都得到了很好的展现。

绘画材料：素描纸、钢笔、彩色铅笔
绘画技巧：线描、色彩渲染

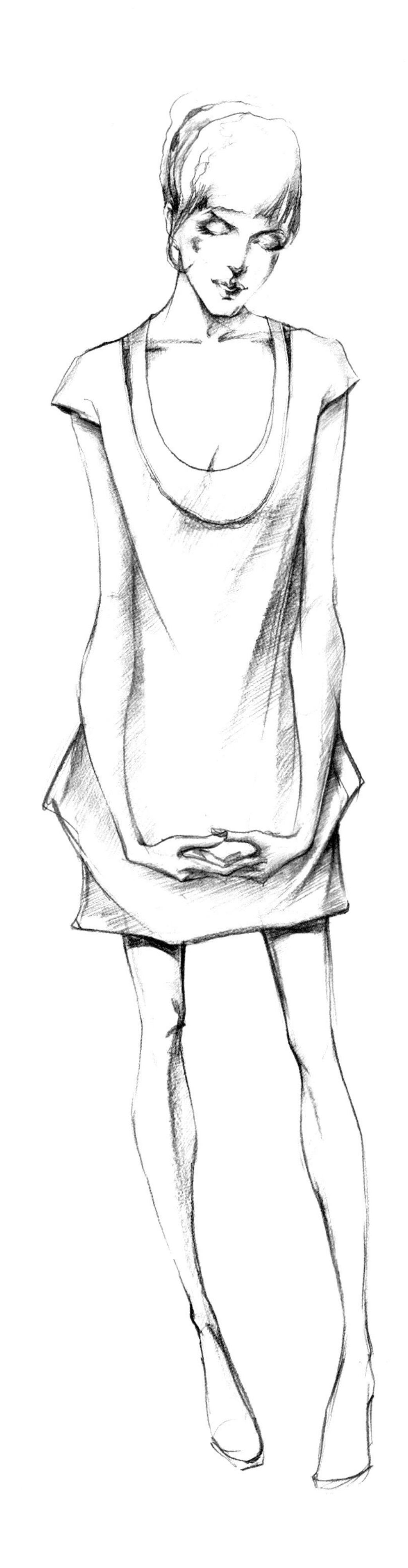

这是一幅以线描为主，略带明暗影调的黑白时装画稿。如同黑白摄影一样，在没有色彩作为辅助表现手段的前提下，线描作品对于绘画主体的结构准确性有着更高的要求。这幅作品以甜美的人物形象和简练的笔触反映出时装产品年轻、简约的风格定位。

绘画材料：素描纸、石墨铅笔
绘画技巧：素描

这幅画的人物动态选择了一个正在行进中的姿势，这需要绘画者牢牢地掌握住贯穿于头、颈、肩、胸和右腿的重心线，才不会使人物有种要歪倒的感觉。注意由于左腿向后抬起，透视作用会让它从视觉上要比右腿显得细和短。人物的姿态、发型、表情与所表现的时装都呈现出一种简约而不失妩媚的现代女性风格。作者先以针管笔描绘出人物轮廓，然后通过Painter绘画软件进行渲染完成。使用电脑绘图板的好处是能够让你通过对电子笔尖施以不同的压力来塑造出微妙的笔触和色彩变化——如同在纸上作画一样自由。

绘画材料：素描纸、针管笔、Painter软件、电脑绘图板

绘画技巧：线描、数码绘画

WHENIWAS YOUNG. I LIKESTRIPE. BLACK&BLUE&PINK&RED&GREEN!!!
STRIPE

作者：刘俊冶

作者：田国琳

这两幅作品（见第185页）所表现的主题虽然不尽相同，但都是风格写实、运笔细腻的时装画。作者的构图、运笔与着色都十分大胆，尤其是冷色调在大面积暖色调中的“点睛”之笔，使得整个画面的层次显得十分丰富、立体。

绘画材料：素描纸、彩色铅笔、针管笔、麦克笔

绘画技巧：线描、色彩渲染

作者：李璐